全国建筑院校毕业生就业指导丛书

城乡规划毕业生就业指导手册

国土空间规划为导向

郁海文　胥建华　开 欣　朱 盼

魏旭红　张 瑜　陈栋菲　李 乐　**编著**

王 颖　郑国栋　刘学良　程相炜

中国建筑工业出版社

图书在版编目（CIP）数据

城乡规划毕业生就业指导手册：国土空间规划为
导向／郁海文等编著 . —北京：中国建筑工业出版社，
2020.12

（全国建筑院校毕业生就业指导丛书）

ISBN 978-7-112-25460-6

Ⅰ . ① 城… Ⅱ . ① 郁… Ⅲ . ① 城乡规划–高等学校–
毕业生–就业–手册 Ⅳ . ① TU984-62

中国版本图书馆CIP数据核字（2020）第178355号

增值小程序码

责任编辑：何　楠　徐　冉
整体设计：锋尚设计
责任校对：张　颖

全国建筑院校毕业生就业指导丛书

城乡规划毕业生就业指导手册

国土空间规划为导向

郁海文　胥建华　开　欣　朱　盼
魏旭红　张　瑜　陈栋菲　李　乐　编著
王　颖　郑国栋　刘学良　程相炜

*

中国建筑工业出版社出版、发行（北京海淀三里河路9号）
各地新华书店、建筑书店经销
北京锋尚制版有限公司制版
北京中科印刷有限公司印刷

*

开本：787毫米×960毫米　1/16　印张：14¼　字数：311千字
2021年7月第一版　2021年7月第一次印刷
定价：**115.00**元（含增值服务）
ISBN 978-7-112-25460-6
（36408）

序

　　城乡规划是服务于国家城乡可持续发展，优化空间资源配置，提升人居环境品质的学科。与时俱进、不断创新是学科发展的特点。党的十八大以后，党中央提出建立生态文明体制改革要求，推进国家空间治理体系和治理能力现代化的目标，做出了建立国土空间规划体系的重大部署。作为一次国家层面推动的规划制度创新，不仅对城乡发展理念产生重大影响，也将带来规划工作在运行机制、工作重心、工作内容等方面的重大变化。这对城乡规划学科建设提出了新要求，也对城乡规划专业毕业生适应国土空间规划工作带来了新挑战。

　　作为应用性、实践性极强的学科，城乡规划专业毕业生不仅需要在短时间内尽快适应从学习到工作的全新角色，特别是在当前规划体系改革背景下，更加需要建构起从城乡人居环境到国土空间资源的全新认知，熟悉从城乡规划到国土空间规划的全新政策，掌握资源环境评估评价等全新技能，建立要素统筹和底线约束的全新思维……毋庸讳言，这对刚刚走上工作岗位的规划专业毕业生是很大的挑战。

　　在此背景下，这本以国土空间规划为导向的《城乡规划毕业生就业指导手册》如期而至、恰逢其时，其内容涵盖了毕业生求职、工作所涉及的知识要点及相关关键问题。开篇"由在校学生向职业规划师的角色转变"，为读者介绍了个人工作选择和职业规划相关问题；"规划设计主要业务内容及技术要点""城乡规划相关重要文件及设计规范解读"两章，可以帮助读者快速掌握国土空间规划的工作概貌和政策要求；"规划设计项目编制实践示例"，以全书三分之一的篇幅介绍了国土空间规划前沿工作实践案例，涵盖了市、县、镇、村等地域类型；"重点推荐书目简介"从职业发展角度介绍了国土空间领域的最新研究成果。

　　国土空间规划任重道远，城乡规划师大有可为。相信这本书会成为城乡规划专业毕业生的良师益友，引导广大毕业生尽快融入新时代的国土空间规划事业，为推进国家空间治理体系和治理能力现代化做出贡献。

张尚武　同济大学建筑与城市规划学院副院长、
教授、博士生导师

关于作者

郁海文，上海同济城市规划设计研究院有限公司空间规划研究院空间战略所所长、高级工程师

胥建华，上海同济城市规划设计研究院有限公司空间规划研究院空间战略所副总工、副主任规划师、高级工程师

开欣，上海同济城市规划设计研究院有限公司空间规划研究院空间战略所副所长、工程师

朱盼，上海同济城市规划设计研究院有限公司空间规划研究院空间战略所副总工、工程师

魏旭红，上海同济城市规划设计研究院有限公司空间规划研究院空间战略所总工、工程师、经济师

张瑜，上海同济城市规划设计研究院有限公司空间规划研究院空间营造所副主任规划师、高级工程师

陈栋菲，上海同济城市规划设计研究院有限公司空间规划研究院空间营造所所长助理、工程师

李乐，上海同济城市规划设计研究院有限公司空间规划研究院空间战略所副所长、副主任规划师

王颖，上海同济城市规划设计研究院有限公司空间规划研究院副院长、教授级高级工程师

郑国栋，上海同济城市规划设计研究院有限公司空间规划研究院空间营造所所长、高级工程师

刘学良，上海同济城市规划设计研究院有限公司空间规划研究院空间区域所所长、工程师

程相炜，上海同济城市规划设计研究院有限公司空间规划研究院空间技术所副所长、工程师

目录

第 1 章

由在校学生向职业规划师的角色转变

1.1 国土空间规划背景与基本概念

2019年5月，中共中央、国务院发布了《关于建立国土空间规划体系并监督实施的若干意见》（以下简称《若干意见》）。国土空间规划是国家空间发展的指南、可持续发展的空间蓝图，是各类开发保护建设活动的基本依据。建立国土空间规划体系并监督实施，将主体功能区规划、土地利用规划、城乡规划等空间规划融合为统一的国土空间规划，实现"多规合一"，强化国土空间规划对各专项规划的指导约束作用，是党中央、国务院作出的重大部署。至此，倡导多年的"多规合一"的国土空间规划体系总体框架基本形成，这也标志着国土空间规划体系构建工作正式全面展开。

1.1.1 空间规划改革的历程

国土空间规划和实施管理是国家治理的重要组成部分，党的十八大以来，中央加大了空间领域的改革和制度建设力度。如2013年12月的中央城镇化工作会议提出，要"建立空间规划体系，推进规划体制改革，加快规划立法工作"；2015年9月，中共中央、国务院《生态文明体制改革总体方案》提出"构建以空间治理和空间结构优化为主要内容，全国统一、相互衔接、分级管理的空间规划体系"，实现"一个市县一个规划、一张蓝图"；2016年2月，中共中央、国务院《关于进一步加强城市规划建设管理工作的若干意见》明确提出要"加强城市总体规划和土地利用总体规划的衔接，推进两图合一；在有条件的城市探索城市规划和国土资源管理部门合一"。有关部委根据中央的要求，组织开展了一系列改革探索，如2014年国家发展和改革委员会、国土资源部、环境保护部、住房和城乡建设部四部委组织开展的市县"多规合一"试点工作，2017年根据《省级空间规划试点方案》开展的省级"空间规划"试点。

党的十九大以后，改革方针进一步明确，制度建设快速推进。2018年3月召开的第十三届全国人民代表大会第一次会议批准了国务院机构改革方案，其中包括组建自然资源部，由自然资源部牵头负责建立国土空间规划体系并监督实施；2019年5月《若干意见》公开发布。为了贯彻《若干意见》的精神，自然资源部印发了《关于全面开展国土空间规划工作的通知》（自然资发〔2019〕87号）。至此，新时代的国土空间规划体系框架基本明确，相关制度建设和规划编制工作全面启动。

1.1.2　国土空间规划改革的目标

1. 解决突出的问题

改革开放以来，为满足发展的空间需求和实施空间管理，空间类规划不断增加。但空间治理缺乏顶层设计，治理能力不足，积累了诸多亟待解决的突出问题。

（1）"多规打架"

我国现状空间规划的类型众多，如主体功能区规划、土地利用规划、城乡规划、海洋功能区规划等。此外，还有诸多涉及空间利用的规划，如交通规划、水利规划、流域规划等专项规划（图1.1）。部分空间类规划是由相关领域的立法机构创设的，大部分是政策文件规定，由某个政府部门组织编制。各级各类空间规划在服务和引导经济社会和城镇化发展、促进国土空间合理利用和保护方面发挥了积极的作用。但也存在类型过多、技术标准不一、职责边界不清晰、内容重复甚至矛盾等问题，以致出现"多规打架"现象。在新时代的发展中，必须通过深化改革来解决多规不协调的问题。

（2）规划审批周期过长

以往各级各类空间类规划的审批主体、审批程序、审查重点各不相同，导致在行政审查阶段协调衔接的过程较长。以国务院审批的城市总体规划为例，一是直接将编制成果作为上报审批成果，内容繁杂且不区分中央和地方事权，极大地增加了协调难度和工作时间；二是审查环节多，依据国务院办公厅印发的《城市总体规划审查工作规则》，编制阶段要进行规划纲要的技术审查，成果上报后不仅要书面征求部际联席会议成员单位（共15个）的意见，还要召开部际联席会议审议。如果出现争议，还要反复多次征求意见，编制审批周期动辄数年的状况十分普遍，严重影响了法定规划的时效性，可见规划审批制度亟须改革。

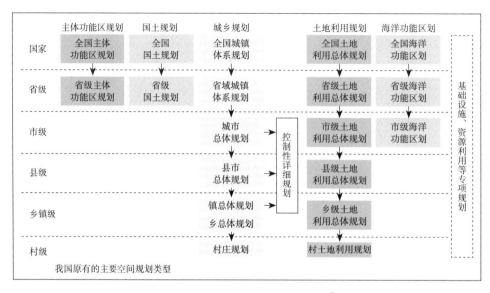

	主体功能区规划	国土规划	城乡规划	土地利用规划	海洋功能区划	
国家	全国主体功能区规划	全国国土规划	全国城镇体系规划	全国土地利用总体规划	全国海洋功能区划	基础设施、资源利用等专项规划
省级	省级主体功能区规划	省级国土规划	省域城镇体系规划	省级土地利用总体规划	省级海洋功能区划	
市级			城市总体规划 → 控制性详细规划	市级土地利用总体规划	市级海洋功能区划	
县级			县市总体规划 →	县级土地利用总体规划		
乡镇级			镇总体规划 乡总体规划 →	乡级土地利用总体规划		
村级			村庄规划	村土地利用规划		

我国原有的主要空间规划类型

图1.1 我国原有的主要空间规划类型[1]

（3）规划实施严肃性、权威性不足

以往各类空间规划实施保障机制不健全、规划执行不力、修改随意的现象普遍存在；规划朝令夕改，"一任领导、一版规划""领导一换、规划重来"的现象普遍存在；一些地方领导的发展观念存在偏差，加之规划实施监督制度不健全，导致不尊重规划和违反规划的行为屡禁不止。针对这些矛盾，改革的诉求不仅是要建构统一的国土空间规划体系，更要致力于完善规划监督实施体系。

2. 落实生态文明建设和对接"两个一百年"目标

"建设生态文明是中华民族永续发展的千年大计。""必须坚持节约优先、保护优先、自然恢复为主的方针，形成节约资源和保护环境的空间格局、产业结构、生产方式、生活方式，还自然以宁静、和谐、美丽。"在经济发展初期的工业文明时代，我国曾出现过片面强调经济快速发展的现象，在取得巨大经济发展

---

① 资料来源：潘海霞，赵民. 国土空间规划体系构建历程、基本内涵及主要特点［J］. 城乡规划，2019（05）：4-10.

成就的同时，也付出了沉重的资源环境代价。在新时代发展中，必须树立生态优先、绿色发展的新理念。

国土空间是生态文明建设的空间载体，生态文明建设不仅是理念，更是行动，需要将规划落实到具体的国土空间上。为了统筹安排各类国土空间的保护、开发、利用、修复工作，落实底线约束和生态优先，需要系统谋划和搞好顶层设计，并要有体制机制保障。构建统一的国土空间规划体系，并将国土空间规划的管理职能划归自然资源部，明确了机构职责，体现了党中央、国务院的信任和推进生态文明建设的坚定意志。

《若干意见》明确了国土空间规划自上而下的传导机制，各级国土空间规划首先要落实国家战略，在细化落实上级国土空间规划要求的基础上，提出本行政区的空间发展目标以及实现路径，这关系到对接"两个一百年"的奋斗目标。

1.1.3　国土空间规划体系的基本框架

《若干意见》明确了国土空间规划体系"四梁八柱"的基本框架，即国土空间规划体系的编制和运作体系。其中，编制体系方面，按照规划编制的层级和类型划分，国土空间规划可以分为"五级三类"；运作体系方面，国土空间规划体系可以分为编制审批、实施监督、法规政策、技术标准四个子体系（图1.2）。

1. 五级三类

分级分类建立国土空间规划，国土空间规划是对一定区域的国土空间开发保护在空间和时间上作出的安排。根据规划编制的层级和类型划分，可以把国土空间规划分为"五级三类"。

（1）"五级"是从纵向看，对应我国行政管理的纵向治理体系，自上而下编制国家、省、市、县、乡镇五级国土空间规划，并根据需要编制相关专项规划，编制深度和要求各不相同。不同层级的规划体现不同空间尺度和管理深度要求。

其中，国家和省级规划侧重战略性，对全国和省域国土空间格局作出全局安排，提出对下层级规划的约束性要求和引导性内容；市县级规划承上启下，侧重传导性；乡镇级规划侧重实施性，实现各类管控要素精准落地。

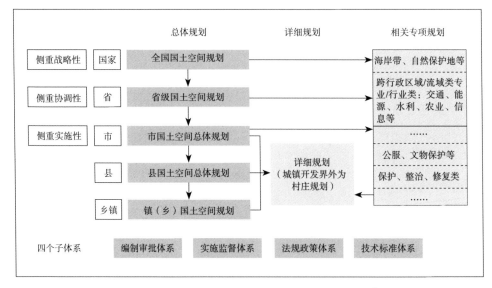

图1.2　国土空间规划体系的"五级三类四体系"示意图[①]

　　五级规划自上而下编制，落实国家战略，体现国家意志，下层级规划要符合上层级规划要求，不得违反上层级规划确定的约束性内容。对应全国、省、市、县级国土空间规划，可根据需要同步或单独开展相关专项规划的研究和编制工作。此外，依据市、县国土空间总体规划及乡镇国土空间规划，组织编制详细规划。

　　（2）"三类"是指规划编制的类型，包括国土空间总体规划、详细规划和相关专项规划。国土空间总体规划是详细规划的依据、相关专项规划的基础；相关专项规划要相互协同，并与详细规划做好衔接（图1.3）。

　　1）国土空间总体规划：强调规划的综合性，是对一定区域内，如行政区全域范围，国土空间开发保护在空间和时间上作出的总体安排和综合部署，是制定空间发展政策、开展国土空间资源保护利用修复和实施国土空间管理的蓝图。国家、省、市、县编制国土空间总体规划，下级规划服从上级规划；各地可根据实际条件，结合市、县国土空间总体规划或单独编制乡镇级国土空间规划。就总体

① 资料来源：潘海霞，赵民. 国土空间规划体系构建历程、基本内涵及主要特点［J］. 城乡规划，2019（05）：4-10.

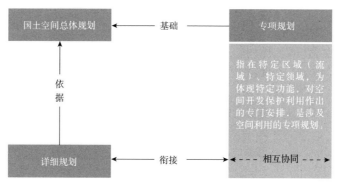

图1.3 国土空间规划三类规划的相互关系示意图

安排和综合部署而言，国家、省、市、县及乡镇的这一规划均属于国土空间总体规划范畴，但实际称谓可有所不同。

2）详细规划：强调实施性，是对具体地块用途和开发建设强度等作出的实施性安排，是开展国土空间开发保护活动、实施国土空间用途管制、核发城乡建设项目规划许可证、进行各项建设等的法定依据。在市、县和乡镇层面编制详细规划。在实际工作中，以城镇开发边界为界，根据城乡两类地域空间和城镇规模的差异，实行差异化的管理方式。城镇开发边界内，由市、县自然资源主管部门组织编制详细规划，用途管制采用"详细规划+规划许可"的方式；城镇开发边界外的乡村地区，按照"有条件、有需求的村庄应编尽编"的原则，由乡镇人民政府组织编制"多规合一"的村庄规划，为详细规划范畴。

3）专项规划：针对特定区域（流域）、特定领域，为体现特定功能，对空间开发保护利用作出的专门安排，是涉及空间利用的专项规划。相关专项规划强调的是专门性，包括特定的区域（如城市群、都市圈等）、特定流域（如长江经济带流域），或者特定领域（如交通、水利等）三类相关专项规划。一般由各级自然资源部门或者相关主管部门组织编制，可在国家级、省级和市县级层面进行编制。《若干意见》明确要求"相关专项规划要遵循国土空间总体规划，不得违背国土空间总体规划的强制性内容，其主要内容要纳入详细规划"。

2. 四个体系

从规划运行方面来看，可以把国土空间规划体系分为四个子体系：编制审批体系、实施监督体系、法规政策体系、技术标准体系。

其中，编制审批和实施监督两个子体系体现规划工作的全流程，包括编制、审批、实施、监测、评估、预警、考核、完善等完整闭环的规划及实施管理流程。法规政策和技术标准两个子体系为规划工作提供法源和技术依据，是规划编制、审批和监督实施顺利进行的保障。具体而言：

（1）编制审批体系

即各级各类国土空间规划编制和审批以及规划之间的协调配合，涉及各级各类国土空间规划编制主体、审批主体和重点内容。"五级"规划体现一级政府一级事权，全域全要素规划管控，强调各级侧重点不同；"三类"规划中，国土空间总体规划是战略性总纲，相关专项规划是对特定区域或特定领域空间开发保护的安排，详细规划作出具体细化的实施性规定，是规划许可的依据。

（2）实施监督体系

即国土空间规划的实施和监督管理，明确"谁审批、谁监管"，分级建立国土空间规划审查备案制度；以"管什么就批什么"为原则，明确上级政府审查要点，精简规划审批内容。

包括：以国土空间规划为依据，对所有国土空间实施用途管制；依据详细规划发放城乡建设项目相关规划许可证；建立规划动态监测、评估、预警以及维护更新等机制；优化现行审批流程，提高审批效能和监管服务水平；制定城镇开发边界内外差异化的管制措施；建立国土空间规划"一张图"实施监督信息系统，并利用大数据、智慧化等技术手段加强规划实施监督等。

（3）法规政策体系

是对国土空间规划体系的法规政策支撑。国土空间规划编制和监督实施必须基于法制，《若干意见》要求："研究制定国土空间开发保护法，加快国土空间规划相关的法律法规建设。"在新的立法工作完成前的过渡期，既有的《城乡规划法》和《土地管理法》仍然有效。

自然资源部正在根据《若干意见》的要求，梳理与国土空间规划相关的现行法律法规和部门规章，对"多规合一"改革涉及突破现行法律法规的内容和条款，按程序报批，取得授权后施行，并做好过渡时期的法律法规衔接。在国家立法和中央部委制定法规和出台政策文件的同时，非国务院审批的市、县及乡镇国土空间规划，根据《若干意见》，"由省级政府根据当地实际，明确规划编制审批内容和程序要求"。

同时，国土空间规划的编制和实施需要全社会的共同参与和各部门的协同配合，需要有关部门配合建立健全人口、资源、生态环境、财政、金融等配套政策，保障国土空间规划有效实施。

（4）技术标准体系

是对国土空间规划体系的技术支撑。"多规合一"对原有城乡规划和土地利用规划的技术标准体系提出了重构性改革要求，要按照生态文明建设的要求，改变原来以服务开发建设为主的工程思维方式，注重生态优先、绿色发展，强调生产、生活、生态空间的有机融合。

按照"多规合一"的要求，由自然资源部会同相关部门负责构建统一的国土空间规划技术标准体系，修订完善国土资源现状调查和国土空间规划用地分类标准，制定各级各类国土空间规划编制办法和技术规程。根据2017年修订的《标准化法》，标准分为国家标准、行业标准、地方标准、团体标准和企业标准。据此，规划行业、地方有关部门等也应参与国土空间规划编制和实施技术标准的制定工作。

1.2 国土空间规划背景下城乡规划的角色定位

1.2.1 原城乡规划与新的国土空间规划的关系

自然资源部在2019年5月28日印发的《关于全面开展国土空间规划工作的通知》中提出："今后工作中，主体功能区规划、土地利用总体规划、城乡规划、海洋功能区划等统称为'国土空间规划'。""各地不再新编和报批主体功能区规划、土地利用总体规划、城镇体系规划、城市（镇）总体规划、海洋功能区划等。已批准的规划期至2020年后的省级国土规划、城镇体系规划、主体功能区规划、城市（镇）总体规划以及原省级空间规划试点和市县'多规合一'试点等，要按照新的规划编制要求，将既有规划成果融入新编制的同级国土空间规划中。"国土空间规划既不是城乡规划，也不是土地利用规划，而是一种全新的规划类型。因此，原城乡规划要转变为国土空间规划。

新的国土空间规划体系与原城乡规划、土地利用规划、主体功能区规划等其他的空间类规划相比，更加注重落实新发展理念，促进高质量发展，更加注重坚持以人民为中心，满足人民对美好生活的向往，更加致力于提高空间治理体系和治理能力现代化。新的国土空间规划体系的特点具体表现为：有利于实现"多规合一"，规划编制更加科学，实施监管更加严格；是体现国家意志的约束性规划，保障国家重大战略落实和落地；是一个强化规划权威的规划体系；是一个用先进技术支撑的规划体系，建立全国统一的国土空间规划的基础信息平台，并形成全国国土规划的"一张图"；是落实"放管服"改革的规划体系，简政放权、放管结合、优化服务。

1.2.2 城乡规划毕业生的定位转变

近年来中央关于规划工作的一系列重大部署，构建了新时代规划工作的总体框架。城乡规划学科应充分发挥其知识体系的优势，把握国家重构规划体系的契机，主动作为，满足时代需求，以此推动国土空间规划工作实现科学化、权威性等中央提出的要求。国土空间规划任重道远，城乡规划学方兴未艾，城乡规划师大有可为。城乡规划师的当务之急，应该是从总体格局上重新思考国土空间规划在新时代的历史担当。城乡规划毕业生要积极融入到国家确定的国土空间规划体系之中。

相对于原城乡规划，国土空间规划融合了现行空间性规划，其综合性、复杂性、系统性更强，涉及的知识面更多更广，对新技术的要求也更高，对城乡规划师的知识综合能力也提出了更高的要求。因而，城乡规划师不仅要熟练掌握城乡规划方面的知识，还需要熟悉和掌握国土、生态、交通、经济、社会等方面的知识，如土地利用规划、生态环境保护规划、资源环境承载能力和国土空间开发适宜性评价、国土整治及修复等；不仅要熟练掌握AutoCAD，Photoshop、SketchUp、3dMax等常规软件，还要加强对ArcGIS等软件的使用，加深对建设国土空间基础信息平台的了解。同时，国土空间规划的具体项目编制，往往由规划、国土、生态、交通等不同专业技术团队跨专业、跨领域协作共同完成，因而，城乡规划师，尤其是项目组织者需要具备更强的专业团队统筹能力，协调多个不同的专业团队。

1.3 毕业实习及就业流程

1.3.1 实习流程

1. 实习单位的一般申请流程

申请实习单位首先要重视信息查询，根据对目标实习团队的了解和对自身所学专业的准确把握，结合毕业就业意向选择1~2个目标单位。信息查询还需要了解目标单位的一些基本情况，包括地址、网址、电话、邮箱等。具体实习流程见图1.4。

撰写专业实习报告是对专业实习工作进行总结提高的过程，学生在专业实习期间应及时把收集到的资料及学习心得全面、明确地记录下来，作为撰写专业实习报告的原始资料。专业实习报告力求文字通顺、简练，说明应充分利用简图和表格。

专业实习报告应围绕专业设计的有关内容深入系统地进行归纳整理，既要有收集到的实际资料，也应有自己的实习心得。

专业实习报告的内容及撰写要求：

（1）专业实习过程的介绍（前言）；

（2）对设计单位参观中座谈交流的总结；

（3）具体参与方案设计的设计日记；

（4）总结专业实习，找出自己前期学习的不足和今后努力的方向。

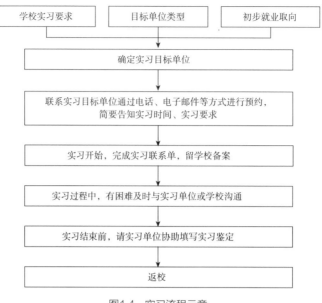

图1.4 实习流程示意

2. 注意事项

（1）掌握信息，确定目标实习单位；

（2）提早计划、提早联系；

（3）事先告知实习单位学校对于此次实习的要求；

（4）在实习过程中应遵守实习单位各项规定。

1.3.2 求职过程

对应届毕业生来说，一个完整的择业过程，至少包括收集信息、自我分析、确立目标、准备材料、参加笔试、参加面试、签订协议等环节。走好择业的每一步，对成功实现自己的职业理想十分重要。

1. 收集信息

收集信息是就业活动的第一步。择业过程中，需要通过各种渠道收集的信息总体上包括以下五方面的内容：

（1）城乡规划就业市场的供需形势。通常包括：社会经济发展形势，各规划设计院所、各类相关企事业单位经营状况和对城乡规划毕业生的需求等。重点了解本校、本专业的社会需求情况，用人单位对毕业生的基本要求等。

（2）政策和法规信息。例如：国家及学校有关毕业生就业政策及规定，《中华人民共和国劳动法》《劳动合同法》《反不正当竞争法》《国家公务员暂行条例》等。

（3）就业安排活动信息。比如什么时候召开企业宣讲会，什么时候举办校园招聘会等。

（4）择业的经验、教训的信息。"择业过来人"的择业经验、教训，就业指导教师的体会和建议等，都会为同学们的成功择业助一臂之力。

（5）具体用人单位的信息。例如：自己所学专业哪些用人单位需要？需求数量是多少？用人单位经营状况、文化背景、发展前景、工作条件、福利待遇、对人才的重视程度及对毕业生的具体安排等。

求职不仅取决于一个人的知识、能力、体力、社会和经济等因素，而且取决于就业信息。谁能获得更多更有效的就业信息，谁将能赢得择业的主动权。

2. 自我分析

在收集信息的基础上，毕业生要联系自身实际，理智地进行自我分析。自我分析包括以下方面：

（1）自身综合素质、能力的自我测评。如自己的兴趣、特长、爱好是什么，有何出众的能力（包括潜能）等。

（2）分析自己的性格、气质。城乡规划相关的就业岗位，比较看重团队协作能力。一般而言，有较强的组织协调能力、团队协作能力及解决问题的能力，严谨稳健、思维敏锐、能够承受较大工作压力的同学，可以在择业过程中凸显优势。

（3）自己在择业过程中，具有哪些优势，哪些劣势，应该如何扬长避短。明确自己究竟想做什么，即自己想在哪一方面有所发展，想成为什么样的人。

3. 确立目标

择业目标主要需要考虑以下几个方面：

（1）择业地域。首先要确立自己希望在哪里发展，希望去机会更多但成本高昂的大城市，还是去安逸且压力小的中小城市。此外，还要考虑自身生活习惯以及今后的发展空间等多方因素。

（2）择业领域。其次应该确定在本专业内就业还是跨出本专业到其他行业就业，甚至是自我创业；是从事本专业范围内的技术工作、管理工作、社会工作还是从事教学工作、科研工作等。

（3）择业单位。应结合自身特点，考虑求职是希望到企业还是机关事业单位，不同性质企业的风格、氛围不同。同学们应该结合自身喜好，选择到国企、外资企业还是民营企业从业。

择业过程中，当然会遇到许多不可预测的变化。但是，预先给自己的择业确定一个比较明确的目标，可以使整个就业活动有的放矢，有条不紊，不然，就会出现乱打乱撞的盲目被动局面。

4. 准备材料

需要准备的材料一般包括：就业推荐表、导师推荐信、个人简历及有关的辅导证明材料。个人简历应充分突出个人在专业领域以及在学期间的获奖资历，尽可能地从形象设计、技术专长等方面展现自己的个人实力。此外，城乡规划毕业生一般还需要准备在校期间的规划设计作品集。

5. 笔试和面试

用人单位在招聘过程中，会采用专业课笔试的方式考核应聘者的知识、能力与素质。笔试内容主要检验大学生运用所学知识和所掌握技能去处理实际问题的能力，同学们应该珍惜并认真对待笔试。

面试是众多用人单位考核大学生综合素质的重要手段。通过面对面的沟通、交流，用人单位可以了解大学生的表达能力、思维能力、处事能力、仪容仪表以及对一些问题的看法和其他一些不能通过笔试反映出来的综合素质。

6. 签订协议

用人单位通过自荐材料和供需见面、笔试、面试等招聘活动，选拔出自己合意的毕业生后，便向被录用的学生发放录取通知书。毕业生在接到录取通知书后，如果愿意到该单位工作，则双方签订就业协议书。就业协议书一旦签订，就不得随意更改。如果有一方提出毁约，须征得另外两方同意，并缴纳违约金。

1.3.3 入职事项

对应届毕业生来说，完整的入职程序包括办理入职手续、参加新人培训等环节。走好每一步，对成功实现自己的职业理想十分重要。

1. 办理入职手续

应该按照就业单位要求，准备入职材料。一般包括免冠照片、身份证原件和复印件、学历、学位证书原件及复印件等。要为入职体检预留时间，入职体检报告一般需要在上交入职材料时一并提供。

2. 参加新人培训

新人培训一般包括企业文化介绍与基本业务技能培训等。了解企业文化背景、文化内涵、奖惩机制、政策法规等内容十分重要，只有这样，才能积极发挥自己的主观能动性，迎难而上，勇攀高峰，争做单位的事业排头兵。业务技能是衡量新进职员能否胜任本职岗位的前提条件和灵魂根基，同学们必须十分重视自己的业务技能，尽早熟悉自己的本职工作和岗位职责。

不管你过去的经历多么优秀，来到了新环境肯定会有一个适应的过程，这期间少不了要麻烦周围的同事，因此与同事搞好关系也是很重要的一项工作。对于团队工作而言，以积极友好的态度融入集体、结识身边同事，以谦虚谨慎的态度对待每一个任务，是职场新人必须做到的。

1.4 从哪里开始

对于城乡规划专业毕业生而言，在学校课程学习接近尾声的时候，要面临实习实践、就业求职以及正式入职的过程，应该珍惜这个阶段，正式踏入社会的初始期和过渡期对于职业生涯的开启至关重要，是将在校内所学的专业技术知识与社会生产实践相结合的演练，也是对自身专业实践能力的一次综合检验。

实习期以及入职初期的准备，是从学生向成熟规划师转变的过程。同学们需要进行哪些方面的准备呢？概括说来，分成两个方面：技能准备和心理准备。

1.4.1 技能准备：掌握专业知识和相关软件

专业知识也就是所学专业的一些规范及相关知识，比如在一个详细规划项目中，住宅的间距如何确定、绿地率如何计算等这些都属于设计实践中需要经常用到的基本专业知识。这些专业知识是进行规划从业的知识基础。因此，同学们在学校学习过程中应重视专业知识的学习和掌握。

一般来说，需要用到的相关软件主要包括基础软件和规划专业常用的软件。

基础软件即Windows和Office操作软件，包括Word，Excel，PowerPoint这类任何专业都应该熟练掌握的软件。

需要用到的专业性软件一般有：AutoCAD，Photoshop，湘源控制性详细规划CAD软件，SketchUp，3d Max，ArcGIS。其中AutoCAD、Photoshop和ArcGIS是三种最为基础的软件，一般应达到熟练的程度。AutoCAD、Photoshop是较为常规的绘图设计软件，ArcGIS是以地理信息技术为基础的软件，具有非常丰富的地理坐标系统和投影坐标系统，可适应国土空间规划明确提出的"统一采用2000国家大地坐标系"和"1985年国家高程基准"的要求。而SketchUp作为一种简便快捷并且容易掌握的建模软件也有必要掌握。3d Max就更为专业了，有精力的同学可以考虑掌握。

1.4.2 心理准备：就业单位环境相对大学校园存在明显差异

同学们长期生活在学校，所处的环境与就业单位有很大的区别，因此在从学校到就业单位的过程中，需要进行一定的自我调适，以较好地适应就业单位的工作环境。在工作过程中应注意与有经验的设计人员多接触、多沟通，以了解设计人员分析问题和解决问题的思路和方法，缩小由于环境转变所造成的思维方式和工作方式上的偏差，提高专业实践能力。

就业作为一种真正接触社会的机会，从心理上和行为方式上做好全面准备都是非常必要的。不管自身的技能如何，初入行业阶段的心态应该谦虚、认真。

初入工作岗位过程中应注意以下内容：

（1）如果自身的知识与能力准备与负责人的要求有一段距离，要事先说明，不能因为怕丢脸而硬撑，不及时说明会给自己造成更大困扰，造成时间和精力上的浪费。

（2）初入行业，同学们对于项目中的一些成果的要求和一些制图规范一般会很陌生，这个时候要认真记录负责人交代下来的任务，建议同学们在负责人布置好之后，按照自己的理解跟负责人确认一下要求，这样可以保证你的理解是正确的，不会做无用功。

（3）有必要准备一本实习日记。按照时间记录下每天的工作任务内容和一些负责人教给的工作方法，其中包括对项目的说明和一些软件的应用。这样积少成多，会形成自己初期的工作方法。

（4）合理运用自身长处。有些同学的手绘或者是小尺度方案的设计能力比较出众，应在入职时及时和负责人沟通，并带好自己认为满意的作品。这样设计单位会根据同学的长处配合项目合理安排工作内容。

（5）设计单位的工作气氛和学校氛围是有所不同的，境外事务所、规划院以及设计公司的工作气氛各有不同。因此不要忽略任何一点差异。要针对自己所在的环境适时适当地调整自己。

（6）"好的开始是成功的一半。"踏实认真地对待工作，谦虚友好地和同事相处，对于个人的能力发展和职业生涯也是有很大帮助的。

1.5 意向就业单位的选择

城乡规划专业毕业生意向就业单位的选择主要包括以下四类：规划设计编制相关机构、政府相关部门、房地产开发公司、高等院校等。本书主要针对第一类就业提出相关技术要求。

1.5.1 规划设计编制相关机构

由于"多规合一"对编制内容的综合性和编制方式的协调性提出了新要求，国土空间规划的编制需要城乡规划设计研究院、土地勘测规划院、高校、城乡规划信息化企业、国土资源信息化企业、软件运营商和数据服务商等多方共同参与。现阶段的国土空间规划编制团队也多以联合体形式出现。

因此，原城乡规划设计院、土地勘测规划院、地信企业、专项研究机构等都是城乡规划专业毕业生从事国土空间规划的目标单位。不同的设计机构在承接项目范围与类型、专业技能要求等方面存在一定差异。规划设计机构的特色为工作内容以项目编制为主，对从业者的专业技术要求较高。毕业生可根据自身情况选择专业匹配度高、兴趣和目标契合的就业单位。

（1）城乡规划设计方向：以规划设计业务为主的国家、高校、地方所属的规划设计院；规划设计公司；境外规划设计事务所；建筑、景观、生态、道路交通、给水排水、通信、燃气、环保等相关内容的设计单位。

（2）土地勘测规划方向：以土地测绘与规划为主的机构。

（3）信息平台方向：从事国土三调平台建设、数据库整理、国土空间规划信息平台建设等相关工作的地理信息企业，现以民营企业为主。

（4）专项研究方向：以经济产业、海洋海岸带、生态保护规划、城市大数据分析为专项方向的研究机构。

下面针对这些类型具体作简单介绍。

关于国土空间规划编制单位的资质要求，2019年12月31日自然资源部办公厅发布《自然资源部办公厅关于国土空间规划编制资质有关问题的函》，提出为加强国土空间规划编制的资质管理，提高国土空间规划编制质量，自然资源部正加快研究出台新时期的规划编制单位资质管理规定。新规定出台前，对承担国土空间规划编制工作的单位资质暂不作强制要求，原有规划资质可作为参考。

在现在已经进行的部分国土空间规划项目招标文件中，各地结合自身实际对编制单位的资质提出了一定的要求，主要包括原城乡规划编制资质、土地规划编制资质、林业调查规划资质等。例如广东省国土空间规划的招标文件中要求编制单位具有乙级以上的土地规划资质以及乙级以上的城乡规划编制资质。城乡规划编制单位资质分为甲、乙、丙三级，土地规划编制单位资制分为甲、乙两级。

1.5.2 其他类型单位

1. 政府相关部门

城乡规划毕业生可选择的政府部门包括自然资源系统、规划编制研究中心、住房和城乡建设系统、发展和改革系统、园林系统等，主要工作内容为各职能部门对应规划的编制、审批与使用管理。就业于政府相关部门对从业者的管理协调能力要求较高。

2. 地产开发与咨询公司

城乡规划毕业生进入地产开发公司可参与房地产开发前期可行性分析、开发战略研究、项目策划设计、联系与指导设计单位等多项工作，具体可涉及投资拓展部、设计管理部等多个部门。该就业方向对毕业生的包括区位分析、财务、法律、组织协调等在内的综合能力要求较高，需尽快学习与熟悉项目研判、成本测算、项目组织推进、成果技术辅助、报审等多项内容。

地产咨询公司也是一个就业选择，主要工作内容为协助地产开发公司进行土地开发定位策划、中介服务、物业顾问、房产估价等。

3. 其他行业

毕业生也可选择高等院校辅导员、银行、互联网等众多行业的工作。

1.6 专业发展方向定位

城乡规划是一门具有实践性的交叉学科。其渊源主要包括三大知识源头：一是基于工程实践的土木工程学和建筑学；二是基于空间观察与分析的地理科学；三是基于社会管理的公共管理学。城乡规划一级学科之下分设六个二级学科，包括区域发展与规划、城乡规划与设计、住房与社区建设规划、城乡发展历史与遗产保护规划、城乡生态环境与基础设施规划、城乡规划管理（石楠，2019）[①]。

在当前国土空间规划的语境下，城乡规划学进一步向区域和国土空间延伸。因此，城乡规划专业的不同发展方向的侧重有所不同。建议城乡规划毕业生对自身特点和喜好进行判断，是擅长宏观层面的总体格局把握还是擅长微观层面的具体空间设计？是更倾向于专题研究还是更倾向于图纸绘制？为了帮助毕业生们更准确地进行选择，笔者将专业发展方向分为三大类进行介绍，包括区域及总体规划类、详细规划及城市设计类、其他专项类（图1.5）。

图1.5　城乡规划专业发展方向定位选择示意图

1.6.1　区域及总体规划类

区域及总体规划类主要包括区域及战略研究、国土空间总体规划等方向。该类规划比较偏重于宏观层面的分析以及对国土空间总体格局的把控，需要毕业生在区域发展与规划、产业经济地理等相关领域有一定的基础，需要重点培养以下

---

① 参考资料：石楠．"空间规划体系改革背景下的学科发展"学术笔谈会：城乡规划学不能只属于工学门类［J］．城市规划学刊，2019（01）：1–11.

四个方面的能力：

1. 提炼观点，培养调研与沟通交流的能力

培养调研与沟通交流的能力，在对上级和当地领导部门的调研过程中，了解领导的意图和精神；在对实际工作部门和基层单位调研过程中，取得第一手调查资料。培养提炼观点的能力，结合部门访谈、现场踏勘、统计数据、参考文献等研究（图1.6），去粗取精，去伪存真，形成观点。"没有调查研究就没有发言权"是千真万确的真理。

2. 论证观点，培养宏观与微观相结合的能力

宏观层面，要对中央精神、省级战略、各级政府工作报告等材料进行分析梳理，和中央、省、市级等层面的有关精神保持一致，结合实地调研，形成大的方向性论据，支撑观点。同时，要培养宏观和微观相互结合并论证观点的能力。虽然区域及总体规划类的工作不以微观分析为主，但常常要从微观中抓典型，更生动地展现观点。

3. 论据支撑，培养定性与定量分析的能力

培养定性和定量分析结合的能力，正确的结合应该是定性在前，定量在后。在形成定性的初步观点后，借用多元大数据分析（图1.7）、网络公众问卷、遥感影像解译、ArcGIS空间分析等方法，支撑并深化初步观点的形成。虽然不要求熟

图1.6　某市国土空间总体规划的现场调研（左）与部门调研（右）

图1.7　利用手机信令数据分析某市公共中心现状情况

练掌握大数据分析，但是仍需要了解大数据分析的基本知识，把定量分析结果转化为定性化表述，以便人们理解，避免使用复杂的模型。

4. 成果表达，培养文字与图纸表达的能力

区域及总体规划类的项目文字部分一般由总报告、文本和附件三部分组成。在研究的深度和广度已经满足规划的前提下，文字报告的组织形式、章节安排可以灵活，无须千篇一律，目的是让规划工作条理显得清晰。图纸是规划研究中不可缺少的重要工具，它既是规划工作者擅长的一种空间思维的方法，也是成果表达的一种直观、通俗、生动活泼的手段，可以和文字报告相得益彰。不必追求图纸的数量，但是表示各要素的现状和规划的基本图纸不可缺少，再配以必要的分析图。图纸要兼顾信息量、可读性、科学性和艺术性。要能较熟练地运用Photoshop等软件（图1.8）。

图1.8　利用3d Max和Photoshop软件，用三维图的形式表达某市国土空间规划成果

1.6.2　详细规划及城市设计类

详细规划及城市设计类主要包括控制性详细规划、城市设计、乡村规划、建筑设计、景观设计等方向。该类规划比较偏重中观、微观层面的分析以及对空间设计和形态的把握，需要毕业生在空间设计、形态美学等相关领域有一定的基础，需要重点培养以下四个方面的能力。

1. 场地认知，培养人文与理性结合的能力

详细规划及城市设计类的项目具有较强的实践性，因此好的设计一定不是放之四海而皆准的，而是由基地本身矛盾出发自然生长出的概念和构想。因此，做设计之前的现状踏勘和场地认知十分重要。在此过程中，一方面要通过人文关怀掌握社会的诉求，另一方面要基于理性判断，分析基地存在的客观问题。

2. 创新理念，培养案例搜集与积累的能力

在详细规划及城市设计类的项目中，设计理念是方案最核心，也是最能出彩的部分。设计理念是否具有创新性和说服力，是评判项目好坏的关键因素之一。创新理念的提出不应该是无缘无故的，应该是建立在大量优秀案例的基础上提炼而成的。因此，案例搜集与积累的能力十分关键，养成案例搜集的习惯，一方面要充分利用互联网，通过设计公司网站、新媒体开放平台等渠道搜索案例（图1.9），另一方面要在生活当中开阔眼界，一点一滴地积累案例，增加空间体验。

3. 理念展示，培养空间与逻辑思维的能力

有了好的创新理念之后，还需要将理念通过合适的空间形态进行表达，这就需要培养空间表达与逻辑思维的能力。整个项目从现场调研、理念构思到方案生成，需要通过完整的逻辑链进行阐述。现场调研发现的问题是否能在理念构思中得到解决？理念构思是否能在空间方案中得到体现？最后要形成简练、系统化的表达，环环相扣，重点鲜明。

4. 成果表达，培养空间美与色彩感的能力

详细规划及城市设计类的成果主要包括平面图、鸟瞰图以及各类分析图。因此，规划师的空间美学与形态审美基础显得十分重要，需要有一定的美术基础和美学素养，图纸表达要突出中心、强调体系、化繁为简、尽量统一（图1.10~图1.12）。

图1.9 谷德设计网资源界面

图例

住宅用地
居住配套设施用地
文化设施用地
基础教育用地
医疗卫生用地
社会福利设施用地
高端高新产业与科研用地
商业服务业用地
区域交通用地
交通场站用地
公用设施用地
居住综合用地
商业服务业综合用地
高端高新产业与科研综合用地
二类综合用地
城市公园绿地与广场用地
风景游憩绿地
水域
城市道路
规划范围

图1.10　某区控制性详细规划土地利用规划图

图片出处：http://xiongan.gov.cn/download/xaxqqdq.pdf河北雄安新区启动区控制性详细规划（全文）

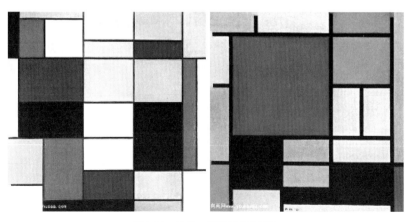

图1.11　彼埃·蒙德里安的画作

图片来源：http://www.youhuaaa.com/page/painting/show.php?id=30126（左图）、

http://www.youhuaaa.com/page/painting/show.php?id=30132（右图）

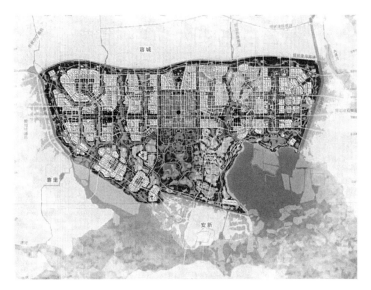

融合城、水、林、田、淀等特色要素，深化"北城、中苑、南淀"的空间格局，形成"一方城、两轴线、五组团、十景苑、百花田、千年林、万顷波"的城市空间意象。

图例
■ 绿地
■ 树林
■ 花田
■ 古淀
■ 水系
□ 道路
□ 铁路

图1.12　某区总体城市设计示意图

图片出处：http://xiongan.gov.cn/download/xaxqqbq.pdf河北雄安新区起步区控制性详细规划（全文）

1.6.3　其他专项类

除了区域及总体规划类和详细规划及城市设计类，城乡规划专业学生毕业后的专业发展方向还包括其他专项类规划，例如市政专项规划、交通专项规划、生态修复规划、耕地整治规划、基础信息平台设计、大数据分析等。这些专项类规划专业性较强，需要培养特定专长与钻研的能力，适合有相应兴趣爱好的毕业生，一般来说，需要更加严谨的逻辑和理性思维。

1.7 常见问题解答

问题1：如何尽快实现从学生到职业规划师的转变？

从学生到职业规划师的身份转变，核心关键是调整心态。初入职场，应建立对自己分内工作的责任心与信念感，保持谦逊的态度，积极向资深同事及项目负责人虚心请教，工作中遇到不可避免的困难时，保持乐观积极的态度寻求办法，逐渐形成一套清晰有效的工作方法。

问题2：做一名合格的规划师，必须掌握哪些技能？

做一名合格的规划师，专业技能是重中之重，包括扎实的理论运用能力、熟练的绘图操作能力、逻辑分析及语言表达能力、规划设计与色彩审美能力等。此外，规划师应具有较强的人际沟通能力与团队协作能力，为项目的合理统筹、必要联络、有效沟通奠定基础。

问题3：城乡规划专业在校学习方法与在职学习方法有什么不同？如何尽快掌握在职的学习方法？

城乡规划专业的在校学习，主要是围绕课程教学大纲展开，目的是系统性地掌握专业知识，学习方法以课程教学为主，自学为辅。当然，硕士、博士研究生阶段的在校学习，已经与本科生阶段有所区别，主要是围绕研究课题和个人研究重点展开，目的是掌握研究技能和提升个人的研究能力，学习方法以自学为主，课程教学为辅。

城乡规划专业的在职学习，其目的已经发生变化，侧重于尽快达到项目实践对个人技能的要求，解决项目实践过程中遇到的多方面问题，不仅包括工作技能，还包括团队协作技能、人际沟通技能等。因此，与在学校中系统学习的路径完全不同，在职学习的方法也主要是围绕项目实践展开，同时结合个人职业发展规划，以实践学习为主，更多地依靠自学来完成。

为尽快掌握城乡规划专业的在职学习方法，达到在职工作要求，应注重以下三点：

首先是以目标为导向，研究在职规划院或者公司、部门对项目成果的要求。以规划设计机构为例，每个规划设计机构对项目成果的要求不同，成果设计风格也是有所差别的。对于刚入职的毕业生，需要参考在职规划设计机构已有的优秀项目，明晰项目成果要求，做到心中有数，尽快满足并超越在职规划设计机构对项目成果的要求。

其次是以问题为导向，围绕项目编制和实践过程中面临的重点难题，有针对性地进行学习，注重掌握在实践中提升规划能力的技巧。可以充分借鉴优秀项目案例成果，参考优秀项目案例的成果框架、逻辑分析思路、表达方式和设计风格等，吸收其优点，不仅可以更快地实现个人从知识学习到知识应用的转变，还可以站在已有成熟的项目实践基础之上，少走弯路，提升个人项目实践技能水平。

最后是以发展为导向，结合个人职业发展规划，将项目实践与个人发展相融合，拓展个人知识体系，尤其是补充个人的能力短板，为今后的项目胜任和工作提升打好基础。

问题4：从课程作业到项目实践，成果要求不同，如何转变？

从课程作业到项目实践的过程有着较大的转变，主要体现在三个方面：

第一是思维方式的转变。规划课程作业更加强调学术化的思维，考查学生对于各类理论知识点的应用和掌握，同时鼓励创新思考，即使是一些不切实际的创新，也可能得到指导老师的鼓励。而项目实践有着较大的区别，过于学术化的思维反而会增加甲方理解的难度，需要更加注重实践性思维，重点针对问题解决，简明扼要、易于理解、强调可实施性。

第二是表达方式的转变。规划课程作业的成果主要强调图纸的表达以及规范性。而项目实践过程中，由于给甲方汇报项目的时间有限，需要让甲方在较短时间内了解项目的情况，因此更注重汇报文件PPT的表达，主题和重点需要更加突出。

第三是项目周期的转变。规划课程作业的周期相对充裕，而且一段时期内只需做同一类型的作业，可以精益求精。而在项目实践过程中，经常会出现多个不同类型项目同时进行的情况，时间相对紧迫，因此需要更加合理地安排时间，把时间用在刀刃上，抓住各类项目的重点需求，保障高质量完成。

问题5：本硕博毕业生的基础不同，在选择职业发展方向时应分别如何考虑？

本科、硕士研究生和博士研究生在就读阶段接受的教育侧重有所不同。本科是素质教育，学习的多为本专业的入门知识；硕士研究生教育侧重专业教育，强调培养一般性的研究技能；博士研究生教育侧重在现有知识的基础上进行创新型的科学研究，强调独立批判精神和创新精神以及发现问题与解决问题能力的培育。总体来说，本科毕业生接受的通识教育具有面广的特点，就业选择范围受专业研究方向的限制较小，需在工作过程中学习深化技能知识。硕士和博士毕业生具备一定专业方向的研究基础与能力，在研究性质的岗位上能较快入手。本硕博毕业生均可结合个人兴趣，根据对专业知识储备、研究能力、学术要求、人际交往能力等多方面的要求的差异选择职业发展路径。

第 **2** 章

规划设计主要业务内容及技术要点

2.1 国土空间规划的编制要求与特点

2.1.1 建立国土空间规划体系的总体要求

1. 总体要求

建立全国统一、责权清晰、科学高效的国土空间规划体系，要从解决当前规划类型过多、内容重叠冲突，审批流程复杂、周期过长以及地方规划朝令夕改等突出的问题和现实矛盾出发，加强国土空间综合统筹，落实生态文明建设，以人民为中心，对接"两个一百年"目标，即：整体谋划新时代国土空间开发保护格局，综合考虑人口分布、经济布局、国土利用、生态环境保护等因素，科学布局生产空间、生活空间、生态空间；加快形成绿色生产方式和生活方式，推进生态文明建设，建设美丽中国；坚持以人民为中心，实现高质量发展和高品质生活，建设美好家园；保障国家战略有效实施，促进国家治理体系和治理能力现代化，实现"两个一百年"奋斗目标和中华民族伟大复兴中国梦。

建立国土空间规划体系，要坚持新发展理念，坚持以人民为中心，坚持一切从实际出发，按照高质量发展要求，做好国土空间规划顶层设计，发挥国土空间规划在国家规划体系中的基础性作用，为国家发展规划落地实施提供空间保障。同时，健全国土空间开发保护制度，实现国土空间开发保护更高质量、更有效率、更加公平、更可持续。

2. 主要目标

中共中央、国务院《关于建立国土空间规划体系并监督实施的若干意见》（以下简称《若干意见》）提出建立国土空间规划体系的主要目标包括如下几个方面。

到2020年，基本建立国土空间规划体系，逐步建立"多规合一"的规划编制审批体系、实施监督体系、法规政策体系和技术标准体系；基本完成市县以上各级国土空间总体规划编制，初步形成全国国土空间开发保护"一张图"。

到2025年，健全国土空间规划法规政策和技术标准体系；全面实施国土空间监测预警和绩效考核机制；形成以国土空间规划为基础、以统一用途管制为手段的国土空间开发保护制度。

到2035年，全面提升国土空间治理体系和治理能力现代化水平，基本形成生产空间集约高效、生活空间宜居适度、生态空间山清水秀，安全和谐、富有竞争力和可持续发展的国土空间格局。

2.1.2　国土空间规划的编制要求

国土空间规划的编制要求包括：体现战略性、提高科学性、加强协调性、注重操作性，采用战略思维、底线思维和民本思维等（图2.1）。

1. 体现战略性

全面落实党中央、国务院重大决策部署，体现国家意志和国家发展规划的战略性，自上而下编制各级国土空间规划，对空间发展作出战略性、系统性安排。落实国家安全战略、区域协调发展战略和主体功能区战略，明确空间发展目标，

图2.1　国土空间规划的编制要求

优化城镇化格局、农业生产格局、生态保护格局，确定空间发展策略，转变国土空间开发保护方式，提升国土空间开发保护质量和效率。

2. 提高科学性

坚持生态优先、绿色发展，尊重自然规律、经济规律、社会规律和城乡发展规律，因地制宜开展规划编制工作；坚持节约优先、保护优先、自然恢复为主的方针，在资源环境承载能力和国土空间开发适宜性评价的基础上，科学有序统筹布局生态、农业、城镇等功能空间，划定生态保护红线、永久基本农田、城镇开发边界等空间管控边界以及各类海域保护线，强化底线约束，为可持续发展预留空间。

坚持山水林田湖草生命共同体理念，加强生态环境分区管治，量水而行，保护生态屏障，构建生态廊道和生态网络，推进生态系统保护和修复，依法开展环境影响评价。

坚持陆海统筹、区域协调、城乡融合，优化国土空间结构和布局，统筹地上地下空间综合利用，着力完善交通、水利等基础设施和公共服务设施，延续历史文脉，加强风貌管控，突出地域特色。

坚持上下结合、社会协同，完善公众参与制度，发挥不同领域专家的作用。运用城市设计、乡村营造、大数据等手段，改进规划方法，提高规划编制水平。

3. 加强协调性

强化国家发展规划的统领作用，强化国土空间规划的基础作用。国土空间总体规划要统筹和综合平衡各相关专项领域的空间需求。详细规划要依据批准的国土空间总体规划进行编制和修改。相关专项规划要遵循国土空间总体规划，不得违背国土空间总体规划强制性内容，其主要内容要纳入详细规划。

4. 注重操作性

按照谁组织编制，谁负责实施的原则，明确各级各类国土空间规划编制和管理的要点。明确规划约束性指标和刚性管控要求，同时提出指导性要求。制定实施规划的政策措施，提出下级国土空间总体规划和相关专项规划、详细规划的分解落实要求，健全规划实施传导机制，确保规划能用、管用、好用。

2.1.3 国土空间规划的编制特点

1. 以三调数据为基础，统一形成现状"一张底图"

《自然资源部办公厅关于开展国土空间规划"一张图"建设和现状评估工作的通知》（自然资办发〔2019〕38号）提出统一形成一张底图。"一张底图"是支撑国土空间总体规划编制的各类自然资源现状、部门信息现状及各类规划空间数据的集合，其工作内容主要包括基数转换和数据叠加（图2.2）。

基于第三次全国国土调查成果，采用国家统一的测绘基准和测绘系统（统一采用2000国家大地坐标系和1985国家高程基准作为空间定位基础），整合规划编制所需的空间关联现状数据和信息，即在坐标一致、边界吻合、上下贯通的前提下，整合集成遥感影像（高分辨率影像）、基础地理、基础地质、地理国情普查等现状类数据，共享发改、环保、住建、交通、水利、农业等部门国土空间相关信息，开展地类细化调查和补充调查，依托平台，形成一张底图，支撑国土空间规划编制。

国土空间规划的编制及其中三条控制线、自然保护地和历史文化保护范围的划定等内容必须与一张底图相对应。一张底图应随年度土地变更调查、补充调查等工作及时更新。

2. 实现"多规合一"

建立国土空间规划体系并监督实施，将主体功能区规划、土地利用规划、城

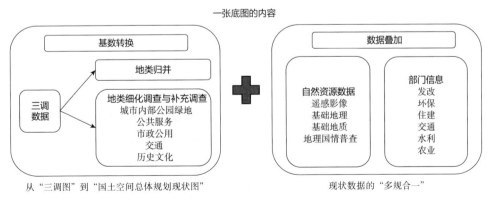

图2.2 现状"一张底图"形成过程示意图

乡规划等空间规划融合为统一的国土空间规划，实现"多规合一"，强化国土空间规划对专项规划的指导约束作用。

中华人民共和国成立以来，各级各类空间规划在支撑城镇化快速发展、促进国土空间合理利用和有效保护方面发挥了积极作用，但也存在一些突出问题，如规划类型过多、内容重叠冲突，"规划打架"容易导致空间资源配置无序、低效，也割裂了"山水林田湖草"生命共同体的有机联系，不利于科学布局生产、生活、生态空间。

新的国土空间规划体系是"多规合一"的规划体系，有利于解决原有空间规划存在的冲突问题。新的国土空间规划体系对主体功能区规划、土地利用规划、城乡规划等空间规划进行了融合统一，从规划编审内容、管理机构、体制机制、技术规范、人员队伍等各方面在原有基础上进行了整合和优化，强调"一级政府一级事权"，强调国土空间总体规划和详细规划、专项规划之间的指导约束和衔接协调，强调部门之间形成合力，着力解决过去规划"打架"、约束和引领作用不突出、行政效能不高等问题。

3. 加强规划实施与监管，重点强化规划权威、改进规划审批、健全用途管制制度

（1）强化规划权威。规划一经批复，任何部门和个人不得随意修改、违规变更，防止出现换一届党委和政府改一次规划。下级国土空间规划要服从上级国土空间规划，相关专项规划、详细规划要服从国土空间总体规划；坚持先规划、后实施，不得违反国土空间规划进行各类开发建设活动；坚持"多规合一"，不在国土空间规划体系之外另设其他空间规划。相关专项规划的有关技术标准应与国土空间规划衔接。因国家重大战略调整、重大项目建设或行政区划调整等确需修改规划的，须先经规划审批机关同意后，方可按法定程序进行修改。对国土空间规划编制和实施过程中的违规违纪违法行为，要严肃追究责任。

（2）改进规划审批。按照谁审批、谁监管的原则，分级建立国土空间规划审查备案制度。精简规划审批内容，管什么就批什么，大幅缩减审批时间。减少需报国务院审批的城市数量，直辖市、计划单列市、省会城市及国务院指定城市的国土空间总体规划由国务院审批。相关专项规划在编制和审查过程中应加强与有关国土空间规划的衔接及"一张图"的核对，批复后纳入同级国土空间基础信息

平台，叠加到国土空间规划"一张图"上。

（3）健全用途管制制度。以国土空间规划为依据，对所有国土空间分区分类实施用途管制。在城镇开发边界内的建设，实行"详细规划+规划许可"的管制方式；在城镇开发边界外的建设，按照主导用途分区，实行"详细规划+规划许可"和"约束指标+分区准入"的管制方式。对以国家公园为主体的自然保护地、重要海域和海岛、重要水源地、文物等实行特殊保护制度。因地制宜地制定用途管制制度，为地方管理和创新活动留有空间。

（4）监督规划实施。依托国土空间基础信息平台，建立健全国土空间规划动态监测评估预警和实施监管机制。上级自然资源主管部门要会同有关部门组织对下级国土空间规划中各类管控边界、约束性指标等管控要求的落实情况进行监督检查，将国土空间规划执行情况纳入自然资源执法督察内容。健全资源环境承载能力监测预警长效机制，建立国土空间规划定期评估制度，结合国民经济社会发展实际和规划定期评估结果，对国土空间规划进行动态调整完善。

（5）推进"放管服"改革。以"多规合一"为基础，统筹规划、建设、管理三大环节，推动"多审合一""多证合一"。优化现行建设项目用地（海）预审、规划选址以及建设用地规划许可、建设工程规划许可等审批流程，提高审批效能和监管服务水平。

4. 强化技术保障，完善国土空间基础信息平台

国土空间基础信息平台是形成国土空间规划"一张图"的基础载体。

以自然资源调查监测数据为基础，采用国家统一的测绘基准和测绘系统，整合各类空间关联数据，建立全国统一的国土空间基础信息平台。以国土空间基础信息平台为底板，结合各级各类国土空间规划编制，同步完成县级以上土空间基础信息平台建设，实现主体功能区战略和各类空间管控要素精准落地，逐步形成全国国土空间规划"一张图"，推进政府部门之间的数据共享以及政府与社会之间的信息交互。

5. 注重多专业团队协作

国土空间总体规划要融合现行空间性规划，必然要求跨专业、跨领域协作，最佳的方式就是组建联合规划团队。联合团队应包括三大部分：规划统筹团

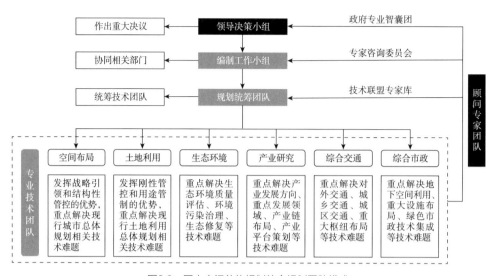

图2.3 国土空间总体规划综合规划团队模式

图片来源：如何编制市县国土空间总体规划？"UPDIS共同城市"微信公众号

队、专业技术团队、顾问专家团队，其中专业技术团队应包括但不限于空间布局、土地利用、生态环境、产业研究、综合交通、综合市政等领域具有相应资质的专业团队，规划统筹团队应挑选具有丰富规划统筹经验的专业技术团队担任（图2.3）。

在联合团队的基础上，推行综合规划。通过规划统筹，为国土空间总体规划提供多学科研究、多专业协同、多部门参与的综合规划服务，并构建全流程实施方案。

2.2 国土空间总体规划

《若干意见》提出分级分类建立国土空间规划，按照规划编制的层级，自上而下编制国家、省、市、县、乡镇五级国土空间规划，即全国国土空间规划、省级国土空间规划、市国土空间总体规划、县国土空间总体规划和乡镇国土空间规划，对应我国行政管理的纵向治理体系（表2.1）。不同层级的规划体现不同的空间尺度和管理深度要求。其中，规划编制重点是市国土空间总体规划和县国土空间总体规划。

（1）全国国土空间规划是对全国国土空间作出的全局安排，是全国国土空间保护、开发、利用、修复的政策和总纲，侧重战略性，强调的是国土空间总体格局和政策。由自然资源部会同相关部门组织编制，由党中央、国务院审定后印发。

（2）省级国土空间规划是对全国国土空间规划的落实，强调省级区域的协调，明确本辖区的总体空间格局，指导市县国土空间规划编制，侧重协调性。省级行政区的空间规划本身也具有很强的战略性。由省级政府组织编制，经同级人大常委会审议后报国务院审批。

（3）市县和乡镇国土空间规划均侧重于实施性，这是相对于国家和省级国土空间规划的作用而言。市、县和乡镇国土空间规划是本级政府对上级国土空间规划要求的细化落实，是对本行政区域开发保护作出的具体安排。市、县级国土空间规划的编制，既要明确对市、县域空间发展和保护的结构性引导，又要将底线管控的相关要求落到实处。乡镇级国土空间规划的编制重点是落实上位规划。

各地可根据实际情况和需要采用不同的模式。如在地域面积小、治理复杂性低的地区，可将市、县和乡镇级国土空间规划合并编制或同步编制，也可将数个乡镇作为一个编制单位合并编制，在规划批准后由各乡镇分头实施。

国务院审批的市级国土空间总体规划，由市政府组织编制，经同级人大常委会审议后，由省级政府报国务院审批；其他市县及乡镇国土空间规划由省级政府根据当地实际，明确规划编制审批内容和程序要求。

各级国土空间总体规划编制重点　　　　　　　表2.1

国土空间总体规划	编制重点	侧重点	编审要求
全国国土空间规划	对全国国土空间作出的全局安排，是全国国土空间保护、开发、利用、修复的政策和总纲	侧重战略性	由自然资源部会同相关部门组织编制，由党中央、国务院审定后印发

続表

国土空间总体规划	编制重点	侧重点	编审要求
省级国土空间规划	对全国国土空间规划的落实，指导市县国土空间规划编制	侧重协调性	由省级政府组织编制，经同级人大常委会审议后报国务院审批
市国土空间总体规划	对上级国土空间规划要求的细化落实，是对本行政区域开发保护作出的具体安排	侧重实施性	可因地制宜，将市县与乡镇国土空间规划合并编制，也可以几个乡镇为单元编制乡镇级国土空间规划；由当地人民政府组织编制
县国土空间总体规划			
乡镇国土空间规划			

资料来源：《中共中央　国务院关于建立国土空间规划体系并监督实施的若干意见》。

2.2.1　规划主要内容

1. 全国国土空间规划的内容要点

全国国土空间规划是对全国国土空间作出的全局安排，是全国国土空间保护、开发、利用、修复的政策和总纲，侧重战略性。

主要内容包括[①]：

（1）体现国家意志导向，维护国家安全和国家主权，谋划顶层设计和总体部署，明确国土空间开发保护的战略选择和目标任务。

（2）明确国土空间规划管控的底数、底盘、底线和约束性指标。

（3）协调区域发展、海陆统筹和城乡统筹，优化部署重大资源、能源、交通、水利等关键性空间要素。

（4）进行地域分区，统筹全国生产力组织和经济布局，调整和优化产业空间布局结构，合理安排全国性工业集聚区、新兴产业示范基地、农业商品生产基地布局。

（5）合理规划城镇体系，合理布局中心城市、城市群或城市圈。

（6）统筹推进大江大河流域治理，跨省区的国土空间综合整治和生态保护修复，建立以国家公园为主体的自然保护地体系。

---

① 参考资料：吴次芳，等. 国土空间规划［M］. 北京：地质出版社，2019.

（7）提出国土空间开发保护的政策宣言和差别化空间治理的总体原则。

2. 省级国土空间规划的内容要点

省级国土空间规划是对全国国土空间规划纲要的落实和深化，是一定时期内省域国土空间保护、开发、利用、修复的政策和总纲，是编制省级相关专项规划、市县等下位国土空间规划的基本依据，在国土空间规划体系中发挥承上启下、统筹协调作用，具有战略性、协调性、综合性和约束性。

根据《省级国土空间规划编制指南（试行）》（自然资源部，2020年1月），省级国土空间规划的重点管控性内容包括：目标与战略、开发保护格局、资源要素保护与利用、基础支撑体系、生态修复和国土综合整治、区域协调与规划传导等（图2.4）。

主要内容包括：

（1）目标与战略

1）目标定位：落实国家重大战略，按照全国国土空间规划纲要的主要目标、管控方向、重大任务等，结合省域实际，明确省级国土空间发展的总体定位，确定国土空间开发保护目标。落实全国国土空间规划纲要确定的省级国土空间规划指标要求，完善指标体系。

2）空间战略：按照空间发展的总体定位和开发保护目标，立足省域资源环境禀赋和经济社会发展需求，针对国土空间开发保护的突出问题，制定省级国土空间开发保护战略，推动形成主体功能约束有效、科学适度有序的国土空间布局体系。

（2）开发保护格局

1）主体功能分区：落实全国国土空间规划纲要确定的国家级主体功能区。完善细化省级主体功能区，按照主体功能定位划分政策单元，确定协调引导要求，明确管控导向。

2）生态空间：明确生态屏障、生态廊道和生态系统保护格局，确定生态保护与修复重点区域，构建生物多样性保护网络，合理预留基础设施廊道。优先保护以自然保护地体系为主的生态空间，明确省域国家公园、自然保护区、自然公园等各类自然保护地的布局、规模和名录。

3）农业空间：将全国国土空间规划纲要确定的耕地和永久基本农田保护任

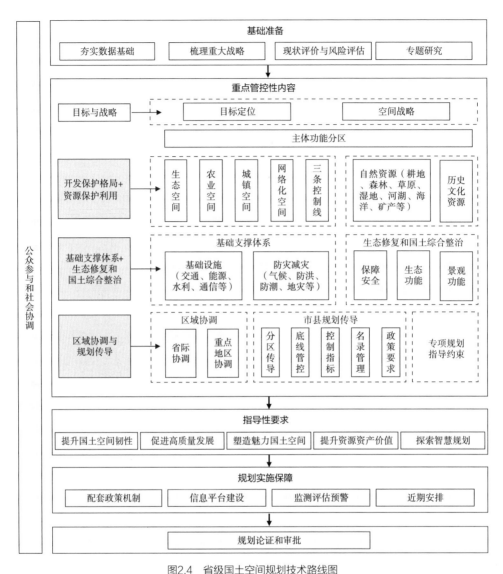

图2.4　省级国土空间规划技术路线图

图片来源：自然资源部《省级国土空间规划编制指南（试行）》（2020年1月）

务严格落实，确保数量不减少、质量不降低、生态有改善、布局有优化。明确种植业、畜牧业、养殖业等农产品主产区，优化农业生产结构和空间布局。提出优化乡村居民点布局的总体要求，可对农村建设用地总量作出指标控制要求。

4）城镇空间：依据全国国土空间规划纲要确定的建设用地规模，结合主体功能定位，综合考虑经济社会、产业发展、人口分布等因素，确定城镇体系的等级和规模结构、职能分工，提出城市群、都市圈、城镇圈等区域协调重点地区多中心、网络化、集约型、开放式的空间格局，引导大中小城市和小城镇协调发展。

5）网络化空间组织：加强生态空间、农业空间和城镇空间的有机互动，实现人口、资源、经济等要素优化配置。

6）统筹三条控制线：确定省域三条控制线的总体格局和重点区域，明确市县划定任务，提出管控要求，将三条控制线的成果在市县乡镇级国土空间规划中落地。

（3）资源要素保护与利用

1）自然资源：按照山水林田湖草系统保护要求，统筹耕地、森林、草原、湿地、河湖、海洋、冰川、荒漠、矿产等各类自然资源的保护利用，确定资源利用上线和环境质量安全底线，提出水、土地、能源等重要自然资源供给总量、结构以及布局调整的重点和方向。

2）历史文化和自然景观资源：系统建立历史文化保护体系，构建历史文化与自然景观网络，制定区域整体保护措施。

（4）基础支撑体系

1）基础设施：落实国家重大交通、能源、水利、信息通信等基础设施项目，明确空间布局和规划要求。明确省级重大基础设施项目、建设时序安排，确定重点项目表。构建与国土空间开发保护格局相适应的基础设施支撑体系。

2）防灾减灾：提出防洪排涝、抗震、防潮、人防、地质灾害防治等防治标准和规划要求，明确应对措施。

（5）生态修复和国土综合整治

1）落实国家确定的生态修复和国土综合整治的重点区域、重大工程。

2）以国土空间开发保护格局为依据，以保障安全、突出生态功能、兼顾景观功能为原则，结合山水林田湖草系统修复、国土综合整治、矿山生态修复和海洋生态修复等类型，提出修复和整治目标、重点区域、重大工程。

（6）区域协调与规划传导

包括省际协调、省域重点地区协调、市县规划传导和专项规划指导约束等内容。

（7）指导性要求

包括提升国土空间韧性、促进高质量发展和高品质生活、塑造魅力国土空间、提升资源资产价值、探索智慧规划等内容。

（8）规划实施保障

包括健全配套政策机制、完善国土空间基础信息平台建设、建立规划监测评估预警制度以及明确近期规划安排等内容。

3. 市级国土空间总体规划核心内容要点

市级国土空间总体规划指的是全部地级市（州、地区）行政管辖范围内的规划，是市级全域空间发展的指南、可持续发展的空间蓝图。对上需要积极落实国家、省级战略指示，向下需要统筹指导所辖市县规划编制，确保规划传导机制贯穿始终。

市级国土空间总体规划是一定时期内市级全域各类开发建设活动的基本依据，是落实和深化发展规划有关国土空间开发保护要求的基础和平台，对同级专项规划具有空间性指导和约束作用（图2.5）。

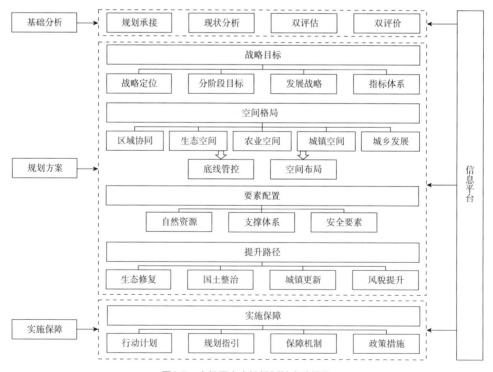

图2.5　市级国土空间规划技术路线图

根据自然资源部《市级国土空间总体规划编制指南（试行）》（2020年9月），市级国土空间总体规划的主要编制内容包括九个方面，即1）落实主体功能定位，明确空间发展目标战略；2）优化空间总体格局，促进区域协调、城乡融合发展；3）强化资源环境底线约束，推进生态优先、绿色发展；4）优化空间结构，提升连通性，促进节约集约、高质量发展；5）完善公共空间和公共服务功能，营造健康、舒适、便利的人居环境；6）保护自然与历史文化，塑造具有地域特色的城乡风貌；7）完善基础设施体系，增强城市安全韧性；8）推进国土整治修复与城市更新，提升空间综合价值；9）建立规划实施保障机制，确保一张蓝图干到底。

市级国土空间总体规划侧重统筹与协调作用，规划编制过程中需把握的核心内容要点如下：

（1）落实国家级和省级规划的重大战略、目标任务和约束性指标，在科学研判当地发展趋势、面临问题挑战的基础上，提出提升城市能级和核心竞争力、实现高质量发展和创造高品质生活的战略指引。

（2）确定市域国土空间保护、开发、利用、修复、治理总体格局，明确全域城镇体系，划定国土空间规划功能分区，明确生态农业复合区等功能分区，明确空间框架功能指引。

（3）确定覆盖全域的陆域三类空间、海域三类空间以及陆海统筹控制空间，划定市域层面城镇开发边界、永久基本农田、生态保护红线；针对全域生态安全格局、区域协调格局、城镇体系格局、乡村振兴格局等总体布局提出明确规划指引；有海域管辖范围的城市，要划定海洋功能分区，统筹安排好海洋岸线功能布局，做好海岸带保护。

（4）落实省级国土空间规划提出的山、水、林、田、湖、草等各类自然资源保护、修复的规模和要求，明确约束性指标；开展耕地后备资源评估，明确补充耕地集中整备区规模和布局；明确国土空间生态修复目标、任务和重点区域，安排国土综合整治和生态保护修复重点工程的规模、布局和时序；明确各类自然保护地范围边界，提出生态保护修复要求，提高生态空间完整性和网络化。

（5）统筹安排市域交通等基础设施布局和廊道控制要求，明确重要交通枢纽地区选址和轨道交通走向；提出公共服务设施建设标准和布局要求；统筹安排重大资源、能源、水利、交通等关键性空间要素。

（6）对城乡风貌特色、历史文脉传承、城市更新、社区生活圈建设等提出原则要求。设置存量建设用地更新改造规模、地下空间开发利用等指标。

（7）提出分阶段规划实施目标和重点任务，明确下位规划需要落实的约束性指标、管控边界和管控要求；提出应当编制的专项规划和相关要求，发挥国土空间规划对各专项规划的指导约束作用；提出对功能区规划、详细规划的分解落实要求，健全规划实施传导机制。

（8）建立健全从全域到功能区、社区、地块，从总体规划到专项规划、详细规划，从地级市、县（县级市、区）到乡（镇）的规划传导机制。明确国土空间用途管制、转换和准入规则。充分利用增减挂钩、增存挂钩等政策工具，完善规划实施措施和保障机制。

市级国土空间总体规划的审查要点[①]：国务院审批的市级国土空间总体规划审查要点，除对省级国土空间规划审查要点的深化细化外，还包括：

（1）市域国土空间规划分区和用途管制规则；

（2）重大交通枢纽、重要线性工程网络、城市安全与综合防灾体系、地下空间、邻避设施等设施布局，城镇政策性住房和教育、卫生、养老、文化体育等城乡公共服务设施布局原则和标准；

（3）城镇开发边界内，城市结构性绿地、水体等开敞空间的控制范围和均衡分布要求，各类历史文化遗存的保护范围和要求，通风廊道的格局和控制要求，城镇开发强度分区及容积率、密度等控制指标，高度、风貌等空间形态控制要求；

（4）中心城区城市功能布局和用地结构等。

其他市、县、乡镇级国土空间规划的审查要点，由各省（自治区、直辖市）根据本地实际，参照上述审查要点制定。

4. 县级国土空间总体规划核心内容要点

县级国土空间总体规划侧重落地实施与发展，规划编制过程中需把握的核心内容要点如下：

（1）目标定位与指标体系

依据上级国土空间规划和区域总体定位，遵循自然资源集约高效利用、城镇化健康有序推进的原则，贯彻落实主体功能区战略和制度，合理确定全域保护与

---

① 资料来源：自然资源部《关于全面开展国土空间规划工作的通知》。

发展的总体定位。

落实省、市级规划的管控要求和指标，按照生态优先、高质量发展、高品质生活、高水平治理的要求，明确本级规划管控要求和指标，并将主要要求和指标分解到下级行政区。

（2）国土空间开发保护的总体格局

以规划评估、评价分析为基础，结合规划目标与战略，统筹"山水林田湖草"等保护类要素和城乡、产业、交通等发展类要素布局，体现全域分区差异化发展策略，构建全域一体、陆海一体、城乡一体，多中心、网络化、组团式、集约型的国土空间开发保护总体格局。

（3）规划分区和控制线

划定生态保护、自然保留、永久基本农田保护、城镇发展、农村农业发展、海洋发展等规划基本分区，明确各分区的管控目标、政策导向和准入规则。其中沿海地区应在市（地）级规划中划分陆海协同的海域国土空间分区。严格落实省级国土空间规划相关要求，统筹优化"三条控制线"等空间管控边界，明确"三条控制线"空间布局和管控要求。

（4）高质量产业体系布局

加快新旧动能转换，推进产业供给侧结构性改革，着力突出质量效益，在产业空间供给上向优势产业、新兴产业和特色产业倾斜。以本地特色自然山水和历史人文资源为基础，大力发展旅游、休闲、文创、教育、医疗、养老等三产服务业，培育生态和文化魅力空间，创造新经济载体。

（5）高品质居住空间与公共服务

以人民为中心，优化区域职住关系，优化社区空间结构，提出混合居住的布局基本要求与原则，明确保障性住房的选址要求、布局原则和标准。按需确定教育、卫生、社会福利、文化和体育等涉及民生的主要公共服务设施配置标准，明确重要公共服务设施布局要求。适应人口转移和结构变化趋势，逐步建立健全全民覆盖、普惠共享、因地制宜、城乡一体、满足高品质生活需求的基本公共服务体系。

（6）高水准公共空间与游憩体系

保留、维护自然原生的河道、湿地生态系统，建设配置合理、结构清晰、功能完善的城市蓝绿网络与开敞空间体系。提出城市结构性绿地、水体等开敞空间的控制范围和均衡分布要求，明确通风廊道的基本格局和控制要求。提高城市绿化覆盖率，广植当地树种，提高生物多样性。通过带状、环状、楔状绿地提升系统连续性和完整性，推进老旧公园改造，建设社区"口袋"公园，提升服务功能。提升城市公共空间品质，塑造尺度宜人、富有活力和文化特色的街道空间、广场空间、滨水空间等城市公共空间。

（7）中心城区土地利用控制

中心城区城镇开发边界内的土地（或用海），应按照《城镇开发边界划定指南》进行土地用途分区或分类，明确相应管制规则。

中心城区城镇开发边界内的城镇集中建设区，应按照以下要求开展土地利用控制：遵照有关标准规定，合理确定建设用地总规模和用地结构，用地标准规定另行要求；按照《市县国土空间规划分区与用途分类指南》的规定，编制规划分区方案；按照城市总体空间结构、区位条件、集约用地水平等，综合确定城市开发强度、密度分区，提出各级各类开发强度、密度分区的开发建设等控制要求；根据需要开展其他方式用地控制。

（8）乡村振兴发展

优化乡村空间布局，引导乡村地区有序发展。因地制宜优化村庄及农村人口的空间分布，按照集聚提升、融入城镇、特色保护、搬迁撤并等不同类型，留有发展弹性，提出村庄分类发展、分步推进的原则和要求。提升人居环境质量，促进乡村风貌改善。推进城乡基本公共服务均等化，提高乡村地区基础设施服务水平。

5. 乡镇级国土空间总体规划内容要点

乡镇国土空间总体规划覆盖全乡镇域，作为乡镇级的总体规划，以自然资源统一管护、生态保护和修复、用途空间管控为主导，综合乡镇发展、土地利用、村庄布局、相关影响评价等内容形成"一张蓝图""一本规划"[1]。

乡镇是我国最基层的行政单位，是城乡结合的重要纽带，规划编制过程中需把握的核心内容要点如下：

（1）落实县级规划的战略、目标任务和约束性指标。根据乡镇的特色资源禀赋、经济社会发展阶段、历史文化传统、农民发展意愿等，确定不同时段的发展定位和发展方向。

---

[1] 来源于《北京市乡镇国土空间规划编制导则（试行）》。

（2）统筹生态保护修复。要落实生态保护红线，把具有水源涵养、生物多样性维护、水土保护、防风固沙、海岸生态稳定等功能的生态功能极重要区域和生态遭严重破坏的生态极敏感脆弱区优先划入生态空间。

（3）统筹耕地和永久基本农田保护。落实永久基本农田，加强耕地数量、质量、生态"三位一体"保护，从严控制各项建设占用耕地，特别是优质耕地。统筹耕地和其他农用地的空间分布，优化农用地空间格局。

（4）统筹农村居民点布局。依据县级国土空间规划确定的县域农村居民点布局和乡（镇）国土空间规划确定的村庄发展定位、功能布局及建设范围，加强规划设计，确定农民住房规模、选址、强度、风貌等。

（5）统筹产业发展空间。制定乡村产业发展和新型业态发展规划，做好农业产业园、科技园、创业园等产业发展空间安排，促进农村一、二、三产业融合发展。明确产业发展方向，制定村庄禁止和限制发展产业目录，引导产业空间高效集聚利用。

（6）统筹基础设施和基本公共服务设施布局。按照县级国土空间规划确定的城乡基础设施和公共服务设施布局以及乡（镇）国土空间规划配置的乡域公共服务设施，根据人口集聚等情况，制定乡村基础设施、道路交通和公共服务设施规划，合理布局乡村供水、污水和环卫、道路、电力、通信等基础设施，配置教育、卫生、医疗、养老、文化、体育等设施。

（7）制定乡村综合防灾减灾规划。乡村综合防灾减灾规划主要内容包括：消防规划、防洪规划、抗震防灾规划、防风减灾规划、防疫规划、防地质灾害规划等。居民点布局尽可能避开抗震不利地段、危险地段和地质不良地段，以防止地质灾害。

（8）统筹自然历史文化传承与保护。顺应村庄地形地貌、河湖水系等自然环境，延续村庄传统空间格局、街巷肌理和建筑布局。深入挖掘和整理乡村历史文化资源，保护文物古迹、传统村落、民族村寨、传统建筑、农业遗迹、灌溉工程遗产，延续村落历史文脉，传承优秀乡村传统文化。

（9）根据需要因地制宜进行国土空间用途编定，制定详细的用途管制规则，全面落地国土空间用途管制制度。具体可在国土空间用途分区的基础上，进一步进行各种使用地的编定，即在用途分区图上将每一宗地的用途确定下来，并且严格要求每宗土地按用途管制图上编定的详细用途加以利用。

（10）根据需要并结合实际，在乡（镇）域范围内，以一个村或几个行政村为单元编制国土空间规划或村庄建设规划，规划成果纳入国土空间基础信息平台统一实施管理。

2.2.2　现场踏勘

国土空间总体规划编制启动初期，需要规划单位对所规划的城市进行详细的现场调研，根据国土调查底图资料进行有重点的现场踏勘。

现场调研是规划设计人员直观感受规划城市发展现状的最主要方式。一般来说，现场踏勘是一个先总后分，由分汇总的过程：项目启动伊始，首先应准备现场踏勘所需要的地形图，并结合已有资料对区域进行初步判断，确定调研的重点方向与空间层次；现场踏勘过程中，需要对生态、农业、城镇三类空间内部的核心要素都有所涉猎，确保完整了解情况，并与地方陪同调研人员有效沟通交流，掌握实地情况；完成初步方案进行交流沟通时，往往会收到多方建议，可有针对性地结合方案、思路以及新的变化进行实地补充踏勘。

1. 制订调研计划和前期准备

启动现场踏勘前，研究制订调研计划，准备踏勘图纸资料，包括不同空间尺度范围的地形图。一般来说，地市级国土空间总体规划调研，市域层面应分市县准备行政区划图、城镇体系布局现状图、产业空间布局图等，中心城区范围应分片准备高精度的地形图。

踏勘前应首先对调研踏勘对象、踏勘重点及主要方向进行分类梳理。包括重点功能区域（如产业区、城市新区、旅游区等）、重点生态要素（如重点水体、河道、海岸线等）、重点农业要素（如特色农业片区、农田示范区等），事先做好准备，并有一定初步认识，带着一定的问题和预判到现场踏勘调研，效果更好一些。

2. 实地踏勘与调研记录

实地踏勘随身携带地形图、相关图纸资料、马克笔和相机。将调研内容及地类分析判断直接标记在图上，便于现状图绘制及更正，同时应及时记录调研踏勘中发现的问题。

生态空间方面的实地踏勘，以重点水体、河道以及岸线为例，踏勘过程中应关注水体质量、河道两侧建设情况、岸线分布与土地利用情况，及时形成照片记录，并在图上标示水体、河道名称及位置、特征。

城镇空间方面的实地踏勘，以重点产业区为例，踏勘过程中应重点关注产业区企业布局特征、就业人员特征、企业主要分布行业与厂区规模大小等，并观察产业区周边综合交通设计、配套服务设施是否布局合理等，及时形成照片记录，并在图上标示典型企业位置、行业特征、建筑单体整体面貌等。此外，根据实际情况对地形图进行校核也是踏勘过程中重要的工作，例如城中村、企业拆迁等现象，应该在踏勘过程中明确掌握，并详细标记。

总而言之，实地探勘的核心目的是对项目区域现状各类要素有一个全面的掌握和翔实的印象，对地区建设面貌需要有一个感性的认识，对后期规划思路及理念形成将起到重要的作用。

3. 补充调研与踏勘

随着规划方案的形成及不断深化，还应广泛结合地区新的发展变化或初次踏勘没有重点关注的内容进行补充调研与踏勘。

2.2.3 调研及资料收集

国土空间规划编制具有较强的综合性，因此聚焦城市规划管理相关职能部门的工作要求十分重要，这要求前期围绕部门的资料收集做到精细。相关主要职能部门包括：自然资源部门、发改部门、生态环境部门、重大基础设施（如交通、水利等）部门等。

此外，有针对性地与重点部门、核心企业、重要产业区等开展专业座谈，对于迅速理解地区发展背景、地区面临的核心问题与挑战等具有重要意义。在准备调研的过程中，可结合地区发展实际以及对地区发展的初步研判，有针对性地列举座谈提纲或调研问卷。

1. 自然资源部门

自然资源部门资料收集重点包括土地资料、城镇开发资料、遥感影像、基础地理、基础地质、地理国情普查及林地、海洋、自然保护地体系等现状类数据，是国土空间规划编制形成"一张底图"的重要支撑（表2.2）。

自然资源部门资料收集清单示例　　　　　　　表2.2

自然资源部门	1. ××市国土调查GIS数据库
	2. ××市全域1：10000地形图（SHP格式矢量图，CGCS2000坐标）及最新遥感影像图
	3. ××市基础性地理国情监测数据（含地表覆盖数据和地理国情要素数据，CGCS2000坐标）
	4. ××市主体功能区规划成果、研究报告、政策文件
	5. ××市矿产资源规划（文本、数据库、SHP格式矢量图）
	6. ××市地质灾害危险程度分区、主要地质灾害分布矢量成果
	7. ××市永久基本农田划定成果（文本、数据库，SHP格式矢量图，CGCS2000坐标）
	8. ××市耕地后备资源调查成果（文本、数据库，SHP格式矢量图，CGCS2000坐标）
	9. ××市耕地质量调查评价成果（文本、数据库，SHP格式矢量图，CGCS2000坐标）
	10. ××市高标准农田建设项目分布情况（文本、数据库，SHP格式矢量图，CGCS2000坐标）
	11. ××市林业资源调查报告、最新森林资源分布图
	12. ××市自然保护区和森林公园的面积、位置、范围、保护类型、保护级别等（附范围和分布图）
	13. ××市森林覆盖率历年数据、森林退化率、草地退化率、植被覆盖度
	14. ××市林地保护规划（矢量数据库及文字说明）
	15. ××市林地一张图数据、林业保护区（各级保护林范围、公益林分布）
	16. ××市湿地公园：湿地保育区、恢复重建区、宣教展示区、合理利用区和管理服务区等图纸
	17. ××市生物多样性保护相关资料；森林、草地资源及动植物（野生动植物、珍稀濒危植物）分布情况
	18. ××市植被类型、珍贵树种分布、优势树种分布矢量图（GIS格式）
	……

2. 发改部门

发改部门资料收集重点包括主体功能区规划、地区总体五年规划及中期实施评估、各行业专项五年规划及中期实施评估，地区及区域发展战略研究和重大项目、重大发展平台资料，作为国土空间规划编制核心发展目标的重要依据（表2.3）。

发改部门	1．××市×××五年规划及中期实施评估报告
	2．××市五年规划重点项目库（项目名录、位置、项目说明）
	3．××市各行业五年规划及中期实施评估报告
	4．××市主体功能区规划
	5．××市及区域相关发展战略研究
	6．××市土壤质地数据（SHP格式矢量电子文件，CGCS2000坐标）
	……

3. 生态环境部门

生态环境部门资料收集重点包括以山、水、林、田、湖为主导要素的保护及管制管控资料，饮用水源地以及自然保护地体系相关资料，生态保护红线在实际管控管理的意见以及"三线一单"资料等，是国土空间规划生态保护区格局、管控体系的重要参考（表2.4）。

生态环境部门资料收集清单示例　　　　　**表2.4**

生态环境部门	1．××市生态红线划定方案（矢量电子图及划定报告，SHP矢量电子图，CGCS2000坐标）
	2．××市"三线一单"最新成果（文字说明、GIS数据库及JPG图纸）
	3．××市生态功能区划，生态系统分类数据（SHP矢量电子图，CGCS2000坐标）
	4．××市环境容量研究报告（水、大气）及总量分配方案（SHP矢量电子图，CGCS2000坐标）
	5．××市大气环境功能区划，大气环境功能区年均目标浓度或所在区域应达的空气质量目标
	6．××市水环境功能区划，水环境功能区年均目标浓度或所在区域应达的水环境质量目标
	7．××市饮用水源地名称、所在河流、供水范围等数据资料和饮用水水源保护区图（包括SHP格式矢量图纸，CGCS2000坐标）
	8．××市国家级、省级、市县级自然保护区、海洋保护区、水源保护区、森林公园、风景名胜区名录、面积、范围及矢量边界，分级管控要求
	9．××市水土流失敏感性评价结果（包括SHP矢量电子图、CGCS2000坐标）
	10．××市生态环境现状调查报告、环境质量报告书

続表

生态环境部门	11. ××市水资源保护规划、各水功能区水质达标率、废污水排放量、主要污染物入河量、水质达标率、废污水排放量
	12. ××市环境质量公报（已有2000～2017年）
	13. 市域主要污染源的位置、单位名称、污染物、污染等级及污染范围（尤其是对河流的污染）、环境监测结果和环境质量评价
	……

4. 农业农村部门

农业农村部门资料收集重点是与农业发展、乡村振兴相关的资料，包括粮食生产功能区、农业功能区划、农业种植生产格局、乡村振兴、特色镇村、田园综合体等平台项目资料，是国土空间规划农业与农村发展区布局、管控体系、发展引导要求的重要参考（表2.5）。

农业农村部门资料收集清单示例　　　表2.5

农业农村部门	1. ××市乡村振兴相关材料（风貌管控、项目设计、规划实施等内容）
	2. ××市田园综合体试点项目和培育项目相关材料（规划方案、建设构想、发展现状等）
	3. ××市分乡镇的农业农村组织经营报表（现状村庄用地、人口、产业、农业经营等统计报表）
	4. ××市粮食生产功能区方案、现代农业园区相关规划（人口、就业、产值、用地等统计资料）
	5. ××市粮食生产功能区和重要农产品生产保护区划定，SHP矢量图
	6. ××市土壤质地数据（SHP格式矢量电子文件，CGCS2000坐标）
	……

5. 交通部门

交通部门资料收集重点包括各级交通道路、交通设施布局以及交通流量观测数据等，综合交通作为国土空间规划支撑体系的重要一环，交通网络与功能布局的关联至关重要（表2.6）。

交通部门资料收集清单示例　　　　　　　　表2.6

交通部门	1. ××市现状公路（高速公路、国省干线公路）分布图（矢量图件，含编号）、路线信息表（行政等级和技术等级、里程等）
	2. ××市综合交通体系规划或综合交通发展战略研究
	3. ××市综合交通中长期发展规划
	4. ××市各高速公路线路流量观测数据、国省干线流量观测数据（应包含观测点位置信息）
	5. ××市历年公路客货总运量和总周转量
	6. ××市各货运枢纽分布、占地面积和历年（2000～2018年）货运方向、货运量、货运周转量、分方向货运量
	7. ××市交通年报
	……

6. 水利部门

水利部门资料收集重点包括各级水利设施布局以及重大基础设施布局等，是国土空间规划支撑体系的重要组成部分（表2.7）。

水利部门资料收集清单示例　　　　　　　　表2.7

水利部门	1. ××市水资源公报
	2. ××市水利志
	3. ××市水利专项规划、水环境功能区划、饮用水源地保护区划等相关规划（文本、图集及矢量数据）
	4. ××市地表水资料
	5. ××市河流及水库分布图（SHP矢量数据）
	6. ××市水库名称、类型、总库容、有效库容、设计标准、主要用途
	7. ××市河流名称、流域面积、多年平均径流量、平均水位、最高水位、防洪标准、洪水淹没线范围、水体功能及防洪排涝泵站的数量、位置、装机容量、排水能力
	8. ××市现有水利、蓄水、引水工程资料
	9. ××市地下水资源总量、可开采量、分布图、现状开采情况
	10. ××市已有的供水设施位置、规模、建设年代、水源、水质情况、实际供水量、供水压力、运行情况；企业自备水源数量、规模及使用情况

水利部门	11．××市工程地质及水文地质勘察报告：地形、地貌、土壤性质、承载力、不适宜建设地区、地下水位等
	12．××市各年用水量情况，包括工业用水量、生活用水量及用水人口、农业用水量、供水普及率、工业用水重复利用率、农业灌溉利用系数等
	……

7. 重点产业区管理委员会

重点产业区管理委员会资料收集重点包括经济基础运行数据、企业名录及布局、相关规划资料等，重点产业区或发展新区通常是地区重要的战略发展平台，对国土空间规划城镇发展区布局至关重要（表2.8）。

重点产业区管理委员会资料收集清单示例　　　　　表2.8

重点产业区管理委员会	1．××市×××产业园区工作报告
	2．××市×××产业园区规上企业名录、产值、主营业务收入、就业人员、主营业务
	3．××市×××产业园区相关规划
	……

此外，各条线部门出台的与城市规划管理相关的管理政策、管理办法或管控方案等，也是十分重要的资料。需要注意的是，规划的调研并非一蹴而就，往往会有一个补充调查的过程，有时在第一次调查后进行方案设计时，会发现仍有一些重要资料和现状并未完全掌握，此时可能需要进行第二三次的补充调查。

2.2.4　规划成果构成

1. 全国及省级国土空间规划的规划成果构成[①]

全国及省级国土空间规划的规划成果包括：规划文本、附表、图件、专题研究报告等技术文件以及基于国土空间基础信息平台的国土空间规划"一张图"等。

---

① 参考资料：自然资源部《省级国土空间规划编制指南（试行）》（2020年1月）。

其中，省级国土空间规划文本一般包含以下内容：现状分析与风险识别、规划目标和战略、区域协调联动、国土空间开发保护格局、资源要素保护与利用、国土空间基础支撑体系、国土空间生态修复、规划管控引导、规划实施保障、规划附表。

省级国土空间规划图件包括规划成果图、基础分析图、评价分析图。

省级国土空间规划的其他资料包括规划编制过程中形成的工作报告、基础资料、会议纪要、人大常委会审议意见、部门意见、专家论证意见、公众参与记录等。电子数据包括各类文字报告、图件及各类栅格和矢量数据。

2. 市县级国土空间规划的规划成果构成①

市县级国土空间总体规划成果包括法定性文件和研究性文件（图2.6）。

法定性文件一经审批则具有法定效力，是需要严格执行的公共政策，由规划文本、规划图集、数据库及附件构成。同时，向上级政府报批审查的事项、内容应单独成册。

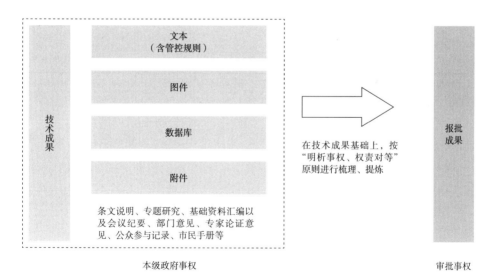

图2.6　市县级国土空间规划的规划成果构成

---

① 参考资料：自然资源部《市级国土空间总体规划编制指南（试行）》（2020年9月），以及浙江省市级、县级国土空间总体规划编制技术要点。

研究性文件包括研究性内容和分析过程等，由规划说明、分析图集、专题报告、附件等构成，是支撑法定性文件的论证依据，应尽量详细，作为法定性文件审批的重要参考。

各地可根据自身特点和需要，细化深化规划编制具体内容，探索形成法定条文、技术方案、公众读本等多种形式的规划成果。

成果包括纸质文件和电子数据。其中电子数据包括各类文字报告、图件及各类栅格和矢量数据。

（1）法定性文件

1）规划文本：规划文本应当以法条化的格式表述规划结论，突出强制性内容，包括文本条文、必要的表格。表述要准确规范，简明扼要。

2）规划图集：规划图集包含市域规划图集或县（市、分区）规划图集以及中心城区规划图集。纸质归档图纸应按照一定的图纸比例。其中，市域规划图集比例尺为1/100000～1/200000，县（市、分区）规划图集比例尺为1/50000～1/100000，中心城区规划图集比例尺为1/10000～1/50000。

市域规划图集须包括但不限于：

- 区域协同规划图；
- 国土空间格局图；
- 国土空间规划功能分区图；
- 重要控制线规划图；
- 生态保护区布局优化图（自然保护地体系图，生态网络规划图，海域、海岛、海岸线保护与保留规划图等）；
- 农业农村发展区布局优化图（重点农业平台规划图）；
- 城镇发展区布局优化图（城镇体系规划图）；
- 海洋发展区布局优化图；
- 综合交通体系规划图；
- 重大公共服务设施规划图；
- 重大市政基础设施规划图；
- 防灾减灾体系规划图；
- 国土整治与生态修复规划图；

- 历史文化保护规划图；
- 近期重大项目规划图。

县（市、分区）全域规划图集须包括但不限于：
- 区域协同规划图；
- 国土空间格局图；
- 国土空间规划用途分区图；
- 重要控制线规划图；
- 生态红线保护区布局规划图（自然保护地体系图等）；
- 永久基本农田布局规划图（高标准农田图等）；
- 城镇集中发展区布局规划图（镇村体系规划图、产业发展布局图）；
- 海洋发展利用规划图；
- 国土空间用地规划图；
- 综合交通体系规划图；
- 重大公共服务设施规划图；
- 重大市政基础设施规划图；
- 防灾减灾体系规划图；
- 国土整治与生态修复规划图；
- 历史文化保护规划图；
- 近期重大项目规划图。

市县中心城区图集包括：
- 中心城区范围图；
- 中心城区用途分区图；
- 中心城区用地规划图；
- 中心城区重要控制线规划图；
- 中心城区蓝绿网络与公共空间布局图；
- 中心城区综合交通规划图；
- 中心城区重大公共服务设施规划图；
- 中心城区重大市政基础设施规划图；

- 中心城区综合防灾规划图。

3）数据库。

4）附件：包括人大审议意见、部门意见、会议纪要、专家论证意见、公众参与记录等。

（2）研究性文件

1）规划说明：规划说明是对规划文本的具体说明与解释，主要阐述规划决策的编制基础、分析过程和分析结论，是配合规划文本和图件使用的重要参考。

2）专题报告：规划编制中对重大问题进行研究形成的专题报告。专题报告可以包括：

- 城市总体规划与土地利用规划评估；
- 资源环境承载力和国土空间开发适宜性评价；
- 土地集约利用导向下的城镇开发边界划定研究；
- 陆海统筹与海洋保护和利用格局研究（沿海城市）；
- 区域协同战略研究；
- 高质量产业体系与布局研究；
- 生态空间保护与修复研究；
- 重大交通廊道及设施布局研究；
- 国土空间规划管控及传导体系研究；
- 国土空间基础信息平台与监测预警体系研究等。

3）分析图集：包括相关分析图。

3. 镇级国土空间规划的规划成果构成[①]

镇级国土空间规划成果由规划文本、图件、数据库和附件构成，涉及的文、图、表、数应相辅相成，衔接一致。

（1）规划文本

规划文本应当以条款格式表述规划结论，应明确表达规划强制性内容，包括文本条文、必要的表格。文本条文应法条化，表述准确规范，简明扼要，突出政

---

① 参考资料：《山东省乡镇国土空间总体规划编制导则（试行）》。

策性、针对性和规定性。

（2）规划图件

规划图件统一采用2000国家大地坐标系作为空间基准，以第三次全国国土调查成果作为现状基础数据。图件比例尺一般为1∶2000或1∶5000，满足上图入库要求。图件应符合相关制图规范要求，明确标示项目名称、图名、图号、比例尺、图例、绘制时间、规划编制单位名称等。

规划图纸一般包括：

- 乡镇全域国土空间开发保护格局规划图；
- 镇乡（村）体系规划图；
- 乡镇全域三区三线规划图；
- 乡镇全域国土空间规划分区图；
- 乡镇驻地主导功能规划分区图；
- 乡镇驻地重要控制线管控规划图；
- 乡镇全域历史文化保护规划图；
- 乡镇全域自然资源和生态保护规划图；
- 乡镇全域公共服务设施布局规划图；
- 乡镇全域综合交通体系规划图；
- 乡镇全域市政基础设施（含综合防灾）布局规划图；
- 乡镇全域国土综合整治与生态修复规划图；
- 海岸带保护和综合利用规划图；
- 村庄规划指引（系列）；
- 乡镇驻地单元规划指引（系列）。

现状分析图纸一般包括：

- 区位图；
- 现状影像图；
- 行政区划图；
- 地形地貌图；
- 国土利用现状图；
- 矿产资源分布图；

- 生态资源分布图；
- 镇乡（村）体系现状图；
- 综合交通现状图；
- 地质、水文、矿山、地灾、海洋等其他现状图。

（3）规划数据库

规划数据库包括基础空间数据和属性数据，按照统一的国土空间规划数据库标准与规划编制工作同步建设、同步报批，形成国土空间规划"一张图"。

（4）附件

附件是对规划文本、图件的补充解释，包括规划说明、规划编制情况说明、专家论证意见及修改说明、公众和有关部门意见及采纳情况等。

2.2.5　知识点准备

国土空间总体规划是国土空间规划体系中难度较大的规划，综合性、复杂性、系统性较强，它要求规划师除了拥有规划方面的专业知识以外，还需要掌握社会、经济、自然、生态、基础设施等各方面的知识并具备较强的综合分析能力。

必备知识要点主要包括：

1. 三条控制线[①]

（1）生态保护红线

指在生态空间范围内具有特殊重要生态功能、必须强制性严格保护的区域。优先将具有重要水源涵养、生物多样性维护、水土保持、防风固沙、海岸防护等功能的生态功能极重要区域以及生态极敏感脆弱的水土流失、沙漠化、石漠化、海岸侵蚀等区域划入生态保护红线。

---

① 中共中央办公厅、国务院办公厅《关于在国土空间规划中统筹划定落实三条控制线的指导意见》（2019.11）。

（2）永久基本农田

为保障国家粮食安全和重要农产品供给，实施永久特殊保护的耕地。依据耕地现状分布，根据耕地质量、粮食作物种植情况、土壤污染状况，在严守耕地红线的基础上，按照一定比例，将达到质量要求的耕地依法划入。按照保质保量要求划定永久基本农田。

（3）城镇开发边界

在一定时期内，因城镇发展需要，可以集中进行城镇开发建设、以城镇功能为主的区域边界，涉及城市、建制镇以及各类开发区等。城镇开发边界划定以城镇开发建设现状为基础，综合考虑资源承载能力、人口分布、经济布局、城乡统筹、城镇发展阶段和发展潜力，框定总量，限定容量，防止城镇无序蔓延。科学预留一定比例的留白区，为未来发展留有开发空间。城镇建设和发展不得违法违规侵占河道、湖面、滩地。

2. 自然保护地体系[①]

（1）国家公园

以保护具有国家代表性的自然生态系统为主要目的的区域。

（2）自然保护区

保护典型的自然生态系统、珍稀濒危野生动植物种的天然集中分布区、有特殊意义的自然遗迹的区域。

（3）自然公园

保护重要的自然生态系统、自然遗迹和自然景观，具有生态、观赏、文化和科学价值，可持续利用的区域。

3. "三线一单"[②]

（1）划定生态保护红线，在生态保护红线之外，识别重要生态功能区、保护区和其他有必要实施保护的区域等生态空间，实施限制开发，分区管控。

---

① 中共中央办公厅、国务院办公厅《关于建立以国家公园为主体的自然保护地体系的指导意见》（2019.06）。

② 2017年环境保护部（现生态环境部）印发《"生态保护红线、环境质量底线、资源利用上线和环境准入负面清单"编制技术指南（试行）》。

（2）明确环境质量底线，实施环境分区管控。以改善环境质量为目标，衔接大气、水、土壤环境质量管理要求，确定分区域、分流域、分阶段的环境质量底线目标要求。以环境质量底线目标为约束，测算环境容量。

（3）完善资源利用上线，提升自然资源开发利用效率。衔接各地区资源能源"总量和强度双管控"要求，以改善环境质量、保障生态功能为目标，考虑生态安全、环境质量改善、环境风险管控等要求，完善水资源、土地资源开发利用和能源消耗的总量、强度、效率等要求。

（4）建立环境准入负面清单。以各类环境管控单元为对象，将以"三大红线"为核心的环境管控要求转化为空间布局约束、污染物排放管控、环境风险防控、资源开发效率等方面的管控要求，建立各环境管控单元的环境准入负面清单，明确禁止和限制环境的准入要求。

4. 资源环境承载力①

（1）土地资源承载力

土地资源承载力是指在一定时期和空间范围内，土地资源所能承载的人类各种活动规模和强度的极限。从土地为人类提供服务的能力出发，土地资源是人类耕地保障、经济建设、生活空间、生态空间的载体，土地资源承载力另一方面也就是耕地、建设用地、居住用地、生态用地的适宜面积。土地资源总量是固定的，每一类用地面积的增减必然影响其他类型用地的面积，从而降低土地提供其他服务的能力。

（2）水资源承载力

水资源承载力主要由水环境容量（纳污能力）和水资源的供给能力两部分组成。水环境容量是指水的纳污能力，在一定的水质或环境目标下，某水域能够允许承纳的污染物最大数量，这个环境容量对人类活动的支持能力同样影响到水资源承载力的大小。区域某时期的水环境容量分析要通过水质调查分析、水质规划、供水工程与污水处理等措施的优化组合才能进行。水资源供给能力主要是指能被人类生产生活所用的部分，水资源供给能力的大小必须考虑生态平衡的问题，即水资源总量减去生态需水量即为区域的水资源供给能力。区域水资源总量

---

① http://www.china-reform.org/?content_545.html。

一般以多年平均产出量——水量表示，生态需水量的估算目前尚无精确成熟的计算方法，取决于不同的生态系统范围界定和生态保护准则（即保持怎样的生态规模和质量）的确定。

（3）能源承载力

能源承载力是指城市能源系统在满足城市能源负荷需求前提下，所承受的能源系统在规模、强度和速度上的发展能力。能源承载力与能源资源丰富程度、能源基础设施完善程度、能源系统效率等因素直接相关。如燃气或风力资源丰富，则可多用清洁和可再生能源减缓能源与环境的压力，环境保护力度越大，大气环境容量承载力越高，就可以支撑越多的环境排放，如脱硫率达到90%以上则可多使用煤。水资源和土地资源相对丰富就可以支撑相对多的人口和建筑建设量等。一般来说，人民生活水平越高，社会经济发展程度越高，其支撑力越大，但所需的能源消耗越大，造成的环境压力越大。

（4）环境承载力

环境承载力按要素划分，可分为水、大气、土壤等的承载力，其中大气承载力因为空间污染的来源复杂性、远距离扩散性而成为社会关注的焦点。当前我国一些发展中的顽疾在积累和演化过程中导致我国环境形势的逐步恶化，甚至不可逆转。环境承载力是资源环境承载力体系中最脆弱和敏感的要素，是一条不容突破的底线。环境承载力并不是一个固定不变的数值，它不仅会随着时间有所变化，而且还会因人们对不同的环境所要求的质量不同而不同。影响一个区域的环境承载力的主要因素有：科技的进步、区域内人类经济活动模式和区域外因素等。

5. 土地政策相关知识[1]

土地管理基本政策体系主要包括：土地规划计划政策、土地审批政策等。土地政策体系虽然复杂，但很健全，而且非常系统，包含了从规划、实施、监测到反馈等环节。

---

[1] 参考资料：詹运洲. 土地利用总体规划和"多规合一规划"实践及思考［EB/OL］. http://www.tjupdi.com/new/?classid=9164&newsid=17702&t=show

（1）土地规划计划政策

土地利用规划体系大致可分为全国—省—市—县—镇（乡）—村。2016年6月，《全国土地利用总体规划纲要（2006—2020年）调整方案》印发实施，对全国及各省（区、市）耕地保有量、基本农田保护面积、建设用地总规模等指标进行调整，并对土地利用结构和布局进行优化。土地规划体系总体上不够健全，缺少系统的专项规划、详细规划的架构，但土地利用总体规划的层级体系是完整的，各级土地利用总体规划已经作了2～3轮，而且是全国范围内开展的。此外，土地规划的年限相较于城乡规划而言，是非常明确的，各级规划上下保持一致。

土地规划调控指标中关键的指标包括：耕地保有量、基本农田面积、建设用地总规模、新增建设用地规模以及人均建设用地指标等。年度计划类型方面，国土部门不断改进和优化土地利用计划编制下达方式，实施3年编制滚动，分年度下达。土地利用计划方面，加大了存量用地盘活利用；新增建设用地计划安排与供地率、城镇低效用地再开发、闲置土地数量等挂钩等。

（2）土地审批政策

主要包括审批权限和审批流程。审批权限在土地管理法里有相应的规定。

从一块集体农用地变成国有建设用地，在土地审批的程序里，就需要提交"一书四方案"。"一书"就是"建设项目用地呈报说明书"，具体说明这块地的基本信息。"四方案"包括：农用地转用方案、补充耕地方案、征用土地方案、供地方案。

"供地方案"，根据供地政策确定供地方式，具体包括出让、划拨、转让等方式。其中：

土地出让：指国家必须在一定年限内将土地使用权出让给土地使用者，由土地使用者向国家支付土地使用权出让金的行为。土地出让大致有：招标、拍卖、挂牌、协议等方式。不同土地的使用年限的规定是不同的，住宅用地是70年，商业用地是40年，工业用地是50年，不能超过年限，但可以比规定年限少。

土地划拨：针对的是一些代表公共利益的土地，例如部队用地、交通用地、文化教育用地等。

土地转让：土地使用者将土地使用权再转移的行为，即土地使用者将土地使用权单独或者随同地上建筑物、其他附着物转移给他人的行为。土地转让的方式包括出售、交换和赠予等。

6. 海洋空间相关知识[①]

（1）海洋空间的三个特征

海洋空间的最大的特征是立体性，它具有三维的特征。从开发利用的角度，无论是海面、水体、海床还是底土均可作为海洋开发利用的对象。第二个特征是流动性与连续性。第三个特征是它的边界是模糊的。

（2）海洋资源的属性

一类是海洋的自然属性，包括海水、海洋生物资源、能量、港航资源，还有旅游资源等，这些都是海洋本身所富存的物质和能量，被人类利用。

另一类是海洋的空间属性，如填海造地。除此之外，港口航运等在一定程度上利用的其实也是海洋的空间资源。从资源开发的特征上，根据不同的资源禀赋，最后的开发结果就会产生较大的差异。

（3）海洋资源开发利用的特征

整体而言，近海岸带地区的开发强度、总体密度是相对较密集、较频繁的，越向深海就越少。但是海洋的开发强度无法与陆域相比，海上总体还是连续分布的海水，中间零星地点状分布着人类的一些开发活动，整个面域还是保持了海洋原来的特征。

（4）陆海统筹

从陆海统筹的角度来说，未来陆地和海洋在进行统一空间规划的时候，交接点在海岸带的区域里。这个区域有很强的开发需求，但是它又是急需保护的区域，所以在未来的海洋规划里，重点就应该在海岸带区域。

（5）海洋空间的规划层级

目前海洋空间的规划包括几个层级，一是海洋的主体功能区规划，二是海洋功能区划，三是海洋生态保护红线，然后就是相关的行业规划，现在也有一些综合性的规划，如海岸带综合保护与利用规划等。

1）海洋主体功能区规划

海洋主体功能区规划是基础性和约束性的规划，用于限定某个区域的海洋上

[①] 参考资料：徐敏. 海洋空间的用途分类体系和规划的技术方法. http://www.sohu.com/a/329123387_726570

哪些是以开发为主体的，哪些是以保护为主体的。

2）海洋功能区划

海洋功能区划是海洋上的空间规划最核心和主体的内容。海上所有开发活动审批的依据都是海洋功能区划。

海洋功能区划主要分为四级体系，国家级、省级、市级和县级，其中核心管控的是省级。国家级和省级是国务院批的，市县两级是省政府批的。海洋功能区划按照海洋开发的不同类别，划成不同的功能区来进行管理，作为它的主导功能。除了确定主导功能外，还要给出功能区里海域管理上的管控措施与海洋环境保护的管控要求等。

3）海洋生态保护红线

海洋生态保护红线是为了维护海洋生态健康和生态安全而划出来的安全底线，主要由重要的生态功能区、敏感区和脆弱区构成，对划定的生态红线区进行严格管控，采取强制性保护措施。

海洋生态保护红线大体分为禁止类别和限制类别，生态红线区包含13类空间，针对每一类空间都有对应的基本管控要求。现行海洋生态保护红线的划定采用自上而下给定指标的形式，由国家确定各省的生态红线所占面积的比例。

4）海洋相关的行业规划

海洋资源有许多不同门类，因此会涉及相关的行业规划，如港口规划、养殖规划等。在海洋上同一个空间内，不同的产业都会有需求，怎样去协调，这是需要考虑的。

5）海岸带规划

目前惟一已经批的海岸带规划就是《广东省海岸带综合保护与利用总体规划》，基本思路是陆海统筹、以海定陆。虽然规划也存在很多问题，但是总体理念及部分陆海统筹、湾区发展的思路值得参考借鉴。

具体来说，广东省海岸带规划提出"一线管控、两域对接、三生协调、生态优先、多规融合、湾区发展"的原则，其中"一线管控"指的是海岸线管控，"两域对接"指的是海域跟陆域的相互对接，体现陆海统筹，而"三生协调"指的是生产空间、生活空间和生态空间的协调。"生态优先、多规融合"，顾名思义，规划中还划分了几个大湾区，分别对各个湾区作了更细化的规划。

7. 原城乡总体规划的相关知识点

（1）城市性质

城市性质是城市在一定地区、国家以及更大范围内的政治、经济与社会发展中所处的地位和担负的主要城市职能。城市性质关注的是城市最主要的职能，是对主要职能的高度概括。

（2）城市人口规模

城市人口规模就是人口总数。编制总体规划，通常将城市建成区范围内的实际居住人口视作城市人口，即在建设用地范围中居住的户籍非农业人口、户籍农业人口以及暂住期在一年以上的暂住人口的总和。

（3）城市用地规模

城市用地规模是指城市规划区内各项城市建设用地的总和，其大小通常依据已预测的城市人口以及与城市性质、规模等级、所处地区的自然环境相适应的人均城市建设用地指标来计算。根据《城市用地分类与规划建设用地标准》（GB 50137—2011，新建城市人均城市建设用地在85～105m²/人，其他城市根据气候区位置，规则人口规模等确定规则人均城市建设用地规模。对边远地区和少数民族地区地多人少的城市，可根据实际情况在低于150m²/人的指标内确定。

总体规划中通常对规划区城乡空间进行一定的空间建设管制。一般来说分为三类：

1）适宜建设区。一般指规划区内生态敏感度低，城市发展急需的空间，作为城市建设的主要用地。

2）限制建设区。一般包括农业开敞空间和未来的城市建设战略储备空间。现阶段建设用地的投放主要是满足乡村居民点建设的需要。

3）禁止建设区。生态敏感度高、关系区域生态安全的空间，主要是自然保护区、文化保护区、环境灾害区、水面等。禁止进行各项城市建设。

8. 常见的城市空间形态类型（图2.7）

（1）集中型形态（Focal Form）

城市建成区主体轮廓长短轴之比小于4∶1，是长期集中紧凑全方位发展状态，其中包括若干子类型，如方形、圆形、扇形等。这种类型的城镇是最常见的基本形式，城市往往以同心圆式同时向四周扩延。人口和建成区用地规模在一定时期内比较稳定，主要城市活动中心多处于平面几何中心附近，属于一元化的城市格局，建筑高度变化不突出。市内道路网为较规整的格网状。这种空间形态便于集中设置市政基础设施，合理有效利用土地，也容易组织市内交通系统。在一些大中型城市中也有紧凑而集中发展的，形成此种大密集团块状态的城市人口密度与建筑高度不断增大，交通拥塞不畅，环境质量不佳。有些特大城市不断自城区向外连续分层扩展，俗称"摊大饼"式蔓延，反映了自发无序或规划管理失误状态，各项城市问题更难以解决。

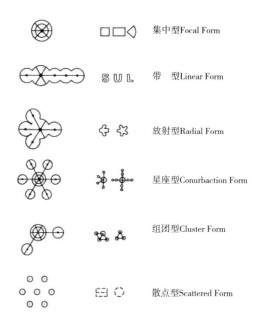

图2.7　城市空间结构形态示意图
图片来源：邹德慈. 城市规划导论［M］. 北京：中国建筑工业出版社，2006：26.

（2）带型形态（Linear Form）

建成区主体平面形状的长短轴之比大于4∶1，并明显呈单向或双向发展，其子型有U形、S形等。这些城市往往受自然条件所限，或完全适应和依赖区域主要交通干线而形成，呈长条带状发展，有的沿着湖海水面的一侧或江河两岸延伸，有的地处山谷狭长地带或不断沿铁路、公路干线一个轴向的长向扩展城市，也有的全然是根据一种"带型城市"理论按既定规划实施而建造成的。这类城市规模不会很大，整体上使城市各部分均能接近周围自然生态环境，空间形态的平面布局和交通流向组织也较单一，但是除了一个全市主要活动中心以外，往往需要形成分区次一级的中心而呈多元化结构。

（3）放射型形态（Radial Form）

建成区总平面的主体团块有3个以上明确的发展方向，包括指状、星状、花状等子型。这些形态的城市多是位于地形较平坦，而对外交通便利的平原地区。它们在迅速发展阶段很容易由原城市旧区，同时沿交通干线自发或按规划多向多轴地向外延展，形成放射型走廊，所以全城道路在中心地区为格网状而外围呈放射状。这种形态的城市在一定规模时多只有一个主要中心，属一元化结构，而形成大城市后又往往发展出多个次级副中心，又属多元结构。这样易于组织多向交通流向及各种城市功能。由于各放射轴之间保留楔形绿地，使城市与郊外接触面相对较大，环境质量亦可能保持较高水平。有时为了减少过境交通穿入市中心部分，需在发展轴上的新城区之间或之外建设外围环形干路，这又很容易在经济压力下将楔形绿地填充而变成同心圆式在更大范围内蔓延扩展。

（4）星座型形态（Conurbation Form）

城市总平面是由一个相当大规模的主体团块和三个以上较次一级的基本团块组成的复合式形态。最通常的是一些国家首都或特大型地区中心城市，在其周围一定距离内建设发展若干相对独立的新区或卫星城镇。这种城市整体空间结构形似大型星座，人口和建成区用地规模很大，除了具有非常集中的高楼群中心商务区（CBD）之外，往往为了扩散功能而设置若干副中心或分区中心。联系这些中心及对外交通的环形和放射干路网使之成为相当复杂而高难度发展的综合式多元规划结构。有的特大城市在多个方向的对外交通干线上间隔地串联建设一系列相对独立且较大的新区或城镇，形成放射型走廊或更大型城市群体。

（5）组团型形态（Cluster Form）

城市建成区由两个以上相对独立的主体团块和若干个基本团块组成，这多是由于较大河流或其他地形等自然环境条件的影响，城市用地被分隔成几个有一定规模的分区团块，有各自的中心和道路系统，团块之间有一定的空间距离，但由较便捷的联系性通道使之组成一个城市实体。这种形态属于多元复合结构。如布局合理，团组距离适当，这种城市既可有高效率，又可保持良好的自然生态环境。

（6）散点型形态（Scattered Form）

城市没有明确的主体团块，各个基本团块在较大区域内呈散点状分布。这种形态往往是资源较分散的矿业城市。地形复杂的山地丘陵或广阔平原都可能有此种城市。也有的是由若干相距较远的独立发展的规模相近的城镇组合成为一个城市，这可能是因特殊的历史或行政体制而形成的。通常因交通联系不便，难以组织较合理的城市功能和生活服务设施，每一组团需分别进行因地制宜的规划布局。

2.3 详细规划

《若干意见》确定的"五级三类"国土空间规划体系指出，在市县及以下编制详细规划，详细规划是对具体地块用途和开发建设强度等作出的实施性安排，是开展国土空间开发保护活动、实施国土空间用途管制、核发城乡建设项目规划许可、进行各项建设等的法定依据。

详细规划可分为城市开发边界内的详细规划与城市开发边界外的详细规划：

（1）在城镇开发边界内，详细规划包括控制性详细规划与修建性详细规划。控制性详细规划是以已批准的国土空间总体规划为依据，考虑相关专项规划要求，对具体地块的土地利用和建设提出控制指标。控规是核发用地规划许可证、建设工程规划许可证的依据，也是国有土地使用权出让合同的主要依据条件，通过编制控制性详细规划，将涉及城市建设的各项控制内容量化。修建性详细规划依据已经依法批准的控制性详细规划，对所在地块的建设提出具体的安排和设计。城镇开发边界内的详细规划，由市县自然资源主管部门组织编制，报同级政府审批。

（2）村庄规划是国土空间规划体系中的详细规划。要整合村土地利用规划、村庄建设规划等乡村规划，实现土地利用规划、城乡规划等有机融合，编制"多规合一"的实用性村庄规划。村庄规划范围为村域全部国土空间，可以一个或几个行政村为单元，由乡镇政府组织编制"多规合一"的实用性村庄规划，作为详细规划，报上一级政府审批。

2.3.1 规划的主要内容

1. 控制性详细规划的主要内容

控制性详细规划对近期建设或开发地区的各类用地进行详细划分，确定其使用性质、人口密度和建筑容量，确定规划区内部的市政公用和交通设施的建设条件以及内部道路与外部道路的联系，提出控制指标和规划管理要求。

根据《城市规划编制办法》（2006年版）第四十一条规定，控制性详细规划应当包括下列内容：

（1）确定规划范围内不同性质用地的界限，确定各类用地内适建、不适建或者有条件地允许建设的建筑类型。

（2）确定各地块建筑高度、建筑密度、容积率、绿地率等控制指标；确定公共设施配套要求、交通出入口方位、停车泊位、建筑后退红线距离等要求。

（3）提出各地块的建筑体量、体形、色彩等城市设计指导原则。

（4）根据交通需求分析，确定地块出入口位置、停车泊位、公共交通场站用地范围和站点位置、步行交通以及其他交通设施。规定各级道路的红线、断面、交叉口形式及渠化措施、控制点坐标和标高。

（5）根据规划建设容量，确定市政工程管线位置、管径和工程设施用地界限，进行管线综合。确定地下空间开发利用具体要求。

（6）制定相应的土地使用与建筑管理规定。

根据《城市规划编制办法》（2006年版）第四十二条规定，控制性详细规划确定的各地块的主要用途、建筑密度、建筑高度、容积率、绿地率、基础设施和公共服务设施配套应当作为强制性内容。

2. 修建性详细规划的主要内容

修建性详细规划对建设项目和周围环境进行具体的安排和规划设计，主要确定各类建筑、基础设施、公共服务设施的配置，并进行环境景观设计，为各项建筑工程的初步设计与施工图设计提供依据。

根据《城市规划编制办法》（2006年版）第四十三条规定，修建性详细规划应当包括下列内容：

（1）建设条件分析及综合技术经济论证。

（2）建筑、道路和绿地等的空间布局和景观规划设计，布置总平面图。

（3）对住宅、医院、学校和托幼等建筑进行日照分析。

（4）根据交通影响分析，提出交通组织方案和设计。

（5）市政工程管线规划设计和管线综合。

（6）竖向规划设计。

（7）估算工程量、拆迁量和总造价，分析投资效益。

为了落实《城市规划编制办法》（2006年版）对修建性详细规划编制的内容要求，在实际方案中一般包括以下具体内容：

（1）用地建设条件分析，包括城市发展研究、区位条件分析、地形条件分析、地貌分析、场地现状建筑情况分析等；

（2）建筑布局与规划设计，包括建筑布局、建筑高度及体量设计、建筑立面及风格设计等；

（3）室外空间与环境设计，包括绿地平面设计、植物配置、室外活动场地平面设计、夜景及灯光设计等；

（4）道路交通规划，包括场地内部机动车与非机动车交通组织、道路断面设计、停车空间配置、无障碍交通安排等；

（5）场地竖向设计；

（6）建筑日照影响分析；

（7）投资效益分析和综合技术经济论证，包括土地成本估算、工程成本估算、相关税费估算、总造价估算、综合技术经济论证等；

（8）市政工程管线规划设计和管线综合。

3. 村庄规划的主要内容

（1）村庄发展目标

落实上位规划要求，对接资源环境承载能力和国土空间开发适宜性评价的内容，结合村庄原有规划评估结果，科学确定村庄发展定位，研究制定村庄发展和国土空间开发保护目标。

（2）管控边界

落实上位国土空间规划确定的永久基本农田、生态保护红线、村庄建设边界，另外还应落实或按相关技术要求划定其他管控边界（包括村域内地表水体保护控制线、乡村历史文化保护线、灾害影响范围和安全防护范围控制线、必须落实的重大基础设施和公共服务设施等其他重要的用地控制线等）。

（3）产业和建设空间安排

包括对产业发展空间、农村住房、基础设施和公共服务设施等的统筹安排。

（4）历史文化保护与传承

包括挖掘乡村历史文化资源，划定乡村历史文化保护线，提出保护措施，明确管控规则，另外还可通过整合沿线历史性、生态型旅游资源，提出区域旅游策略。

（5）村庄安全和防灾减灾

针对村域内地质灾害、洪涝、消防等隐患，提出农村建房安全管理要求、村庄应急庇护场所选址及建设要求等。

（6）国土综合整治与生态修复

涉及摸清国土整治与生态修复潜力、划定国土综合整治与生态修复区域、策划国土综合整治与生态修复项目等。

（7）人居环境整治

涉及农房整治、绿化彩化、缆线整治等。

（8）近期实施项目和管制规则

提出近期急需推进的生态修复整治、农田整治、垦造水田、拆旧复垦、历史文化保护、产业发展、基础设施和公共服务设施建设、人居环境整治等项目，明确资金规模和筹措方式、责任主体和建设方式等。

2.3.2 详细规划现场踏勘

现场踏勘是详细规划调查的最基本手段，是详细规划方案编制的前导性工作，基本目标是对现状的调查和了解，将有助于规划方案的构思与成型。另外，通过对比实际情况与书面资料的差异，可进一步加深设计人员对地形图、规划图等图纸资料的理解，降低因资料不全、理解偏差等原因造成设计缺陷的概率，对保证总体方案水平和设计质量有着重要的作用。

1. 现场踏勘方法

详细规划的现场踏勘要做到"三勤二多"：

（1）"三勤"是腿勤、眼勤、手勤。

1）一要腿勤，以步行为宜，在步行中把规划范围内的地形、地貌、地物调查清楚，把抽象的、平面的地形图化为脑子中具体的、空间的立体图；

2）二要眼勤，要仔细、全面观察，对特殊情况要反复观察，并记忆下来，及时发现问题；

3）三要手勤，把踏勘时看到的、听到的，随时记下来，对地形图不符合实际或遗漏的地方应及时修改补充，重要的还要事后设法补测。

（2）"二多"是多问、多想。

1）一要多问，即多向当地居民和相关单位请教；

2）二是多想，即多思考，对调查中发现的现实情况要反复研究，避免规划脱离实际。

另外，现场踏勘时，传统的记录工具包括照相机、皮尺、纸笔等，设计人员通过"一看二问三记录四整理"获取资料，还可进一步借助无人机航拍、手机APP等辅助工具，提升现场踏勘工作的效率。

2. 现场踏勘内容

详细规划现场踏勘的相关内容涉及自然环境调查、土地利用现状调查、建筑现状调查、公共空间现状调查、公共服务设施调查、市政设施调查、公共安全设施调查、道路交通调查、产业调查、历史文化要素调查、居民生产生活等层面。现状踏勘的各层面内容应尽量全面、详细，如建筑物现状调查，应涵盖建筑物使用性质调查，建筑物产权、层数调查，建筑质量调查，建筑风貌调查照片等。

现场踏勘人员应着重核实现状各个要素的使用情况，补充地形图上没有的道路、建筑，拍摄地形、地貌、重点地段建设情况、特色风景等，对规划区内的现状环境进行初步评价。

3. 现场踏勘成果

现场踏勘时，需用图纸表达的资料应记录在相应的地形图上，地形图应为最新资料，地形图较老、地形变化较大的应由委托单位进行修测，并进一步对相关内容进行整理汇总，最终形成现场踏勘报告，为后续工程设计工作的开展提供参考依据。

2.3.3 调研及资料收集

部门调研及基础资料收集是详细规划编制的基础与重要环节。

1. 部门调研

部门调研一般先由牵头部门组织、陪同或开具介绍信，通过开展多部门的调研，进一步深入了解规划区域的现状与诉求。规划编制人员应有针对性地提出重点问题和内容，深入了解现状问题、未来发展设想与诉求，核实相关建设项目的必要性、可行性、合理性。

（1）主要程序

部门调研的主要程序包括：介绍本研究的背景及此行重点要了解的问题；请其负责人或相关业务人员介绍大体情况并回答重要问题；课题组其他成员提问或讨论；最后尽可能地索要相关的文字材料或电子资料；留下并索要联系方式。

（2）主要的座谈部门

组织专业座谈的主要部门包括：自然资源部门、发展改革部门、生态环境部门、住房建设部门、工业信息部门等，另外，村庄规划还应进一步与村委会、村民组长会、村民代表会、乡贤代表会、企业代表会、老人会等组织专业座谈。

以自然资源部门与发展改革部门为例，专业座谈的主要内容为：

1）自然资源部门，包括：对规划区域的发展设想与诉求；重要的上位规划与政策；规划范围内土地资源开发利用存在的主要问题和发展计划；相关经济技术指标设想（容积率、建筑密度、绿地率等）；规划范围内建设存在的主要问题；现状公共空间（绿地、广场等）建设情况、存在问题、发展设想；拆迁安置等细节问题；正在进行或即将启动的项目情况等。

2）发展改革部门，包括：对规划区域的发展设想与诉求；近年来社会经济发展情况、存在问题、发展趋势、发展设想；规划范围内产业发展情况、存在问题、发展设想；规划范围内已确定或单向明确的入驻项目情况等。

2. 资料收集

（1）基础资料

基础资料指编制详细规划所需的最基本、最关键的原始资料，包括各类数据

（如CAD、GIS、Excel数据）、图纸（如相关地形图、规划图）、文字说明（如相关规划文本、政府工作报告、研究报告）等。

基础资料收集需注意该规划的"基准年"，"基准年"是指基础资料统计的截止时间，如控制性详细规划一般以编制起始年的前一年为基准年，有条件的应搜集当年的资料，需注重基础资料的准确与有效。

（2）收集方式

由编制技术单位提出资料清单，县级自然资源主管部门开展相关基础资料的收集，并按照相关要求向编制技术单位移交。

（3）控制性详细规划各部门需收集的基础资料

控制线详细规划资料收集涉及的部门包括自然资源部门、发展改革部门、住房建设部门、交通部门、市政部门等（表2.9）。所需收集的基础资料主要包括：总体规划对本规划地段的规划要求；相邻地段已批准的规划资料；土地利用现状；人口分布现状；建筑物现状；公共设施规模、分布；工程设施及管网现状；土地经济分析资料；所在城市及地区历史文化传统、建筑特色等资料。

控制线详细规划各部门需要收集的基础资料　　表2.9

相关部门	相关基础资料
自然资源部门	上位的国土空间总体规划，全国土地调查最新成果，土地利用最新变更数据、最新地形图，土地经济分析资料（包括地价等级、土地极差效益、有偿使用状况、开发方式等），相邻地段已批准的规划资料等
发展改革部门	上位的国民与社会发展规划纲要、重要的拟建设项目等
住房建设部门	建筑物现状，包括房屋用途、产权、建筑面积、层数、建筑质量、保留建筑；规划范围内各类重点文物、遗迹、遗址等的位置与保护要求；规划范围内的历史遗迹、文物分布及保护区范围图等
文化、商务、卫生、教育部门	公共设施规模、分布情况，包括商业服务、医疗卫生、文化娱乐、文教体育等公共设施
文化部门	所在城市及地区历史文化传统、建筑特色等资料；文保单位名录、文物普查资料、历史文化保护线等；古树名木、古民居等历史风貌环境要素
统计/公安部门	人口分布现状，包括规划范围内常住人口、户籍人口、流动人口分布，村庄总人口、农业人口分布
交通部门	规划范围内现状及规划城市道路红线宽度、道路断面形式、路名、道路中心点坐标、道路长度、对外公路、桥梁、道路交通设施；铁路、火车站、公交线路、公交站点、慢行系统等；城市铁路及航空客运流量；轨道交通等

相关部门	相关基础资料
生态环境部门	近年市县环境质量评价报告；规划范围内主要污染源的分布、主要存在问题；现状环境保护与污染治理和措施；相关生态建设工程；相关发展规划及设想
市政部门	工程设施及管网现状资料，包括给水、污水、雨水、电力、电信、热力、燃气管网等设施的现状情况

（4）修建性详细规划各部门需收集的基础资料

修建性详细规划需收集的基础资料，除控制性详细规划的基础资料外，还应增加：

1）控制性详细规划对规划地段的要求（自然资源部门）；

2）工程地质、水文地质等资料（自然资源部门、住房建设部门、水利部门等）；

3）各类建筑工程造价等资料（住房建设部门）。

（5）村庄规划各部门需收集的基础资料

控制线详细规划资料收集涉及的部门包括自然资源部门、发展改革部门、住房建设部门、农业农村部门、乡镇政府等（表2.10）。所需收集的基础资料主要包括：总体规划对本规划地段的规划要求；相关村庄规划；土地利用现状；人口分布现状；村庄农房现状；基础设施、公共设施现状；村庄产业发展情况；历史文化情况等。

村庄规划主要部门需要收集的基础资料　　　　表2.10

主要部门	相关基础资料
自然资源部门	镇（乡）国土空间总体规划、全国土地调查最新成果、土地利用最新变更数据、最新地形图、基本农田保护线、耕地质量等别数据库、生态保护红线、农村地籍调查资料、农业地质环境调查成果、国土综合整治项目、地质灾害威胁点、原土地利用规划成果、原村庄规划等基础数据和资料
发展改革部门	县级乡村振兴战略规划
农业农村部门	村庄分类、高标准农田建设规划、农业产业发展规划等
生态环境部门	饮用水源地保护区、生态修复项目、污水处理等
住房建设部门	村庄农房整治、厕所革命、垃圾治理、污水治理、村容村貌提升、历史文化保护专项规划等资料

主要部门	相关基础资料
公安/统计部门	总人口、总户数、户籍和流动人口变化、人口年龄结构、从业人员、收入水平等
文物部门	文保单位名录、文物普查资料、乡村历史文化保护线等；古树名木、古民居等历史风貌环境要素；村庄特色民俗、传统工艺、艺术等非物质文化要素
水利部门	地表水体保护控制线、流域防洪、水利建设等
林业部门	经济林、生态林、防护林、林相、名贵树种等
乡镇政府	村庄产业经济、社会事业、公共服务设施、农业基础设施、内外交通运输、基础设施等

2.3.4 规划成果构成

1. 控制性详细规划的成果构成

根据《城市规划编制办法》，控制性详细规划成果应当包括规划文本、图件和附件。图件由图纸和图则两部分组成，规划说明、基础资料和研究报告收入附件。

（1）规划文本

规划文本内容：

1）总则

包括：编制目的、规划依据与原则、规划范围与概况、适用范围、主管部门与管理权限。

2）土地使用和建筑规划管理通则

包括：用地分类标准、原则与说明；用地细分标准、原则与说明；控制指标系统说明；各类用地的一般控制要求；道路交通系统的一般控制规定；配套设施的一般控制规定；其他通用规定等。

3）城市设计引导

包括：城市设计系统控制、具体控制与引导要求。

4）规划调整的相关规定

调整范畴、调整程序、调整的技术规范。

5）奖励与补偿的相关措施与规定

6）附则

7）附表

（2）图件

1）图纸主要包括现状分析图纸和规划图纸两大类

现状分析图纸包括区位图、地形分析图、用地现状图、建筑高度现状图、建筑质量现状图等。

规划图纸包括土地使用规划图、功能结构分析图、道路交通系统规划图、道路竖向规划图、公共设施规划图、居住用地规划图、教育设施规划图、街区地块划分图、绿化景观系统规划图、开发强度规划图、高度分区规划图、各类市政工程规划图。

部分城市对控制性详细规划的成果内容有地方的规定，包括表达格式、图纸内容等，如规定增加六线控制图（规划红线、绿地绿线、水域蓝线、市政黄线、公益设施橙线、历史保护紫线）、历史街区保护规划图等。在规划编制时，应在遵循现行《城乡规划编制办法》的同时，力求满足地方要求。

2）分图图则

分图图则是控制性详细规划的核心图件，包括对规划中强制性控制和引导性控制的明确表达。主要通过图、表、文三种形式表达对地块的控制。

图表达：道路坐标、标高、红线、蓝线、绿线、建筑后退、地块出入口方向、禁止机动车开口范围、用地性质、地块编号、街坊编号和城市设计引导的概念性图示等。

表表达：用地性质、地块面积、容积率、绿地率、建筑限高、机动车位、建筑密度、人口等。

文字：对图和表无法准确表达的强制性内容进行补充阐述，并对规划中的引导性控制内容予以文字性的说明。

（3）附件

主要包括规划说明书。

2. 修建性详细规划的成果构成

根据《城市规划编制办法》，修建性详细规划的主要成果由规划说明书和图纸构成。

（1）规划说明书

包括：现状条件分析、规划原则和总体构思、用地布局、空间组织和景观特色要求、道路和绿地系统规划、各项专业工程规划及管网综合、竖向规划、主要技术经济指标（一般应包括：总用地面积、总建筑面积；住宅建筑总面积、平均层数；容积率、建筑密度；住宅建筑容积率、建筑密度；绿地率；工程量及投资估算）。

（2）图纸

1）规划地段位置图。标明规划地段在城市的位置以及与周围地区的关系。

2）规划地段现状图。图纸比例为1/500~1/2000，标明自然地形地貌、道路、绿化、工程管线及各类用地和建筑的范围、性质、层数、质量等。

3）规划总平面图。比例尺同上，图上应标明规划建筑、绿地、道路、广场、停车场、河湖水面的位置和范围。

4）道路交通规划图。比例尺同上，图上应标明道路的红线位置、横断面，道路交叉点坐标、标高，停车场用地界线。

5）竖向规划图。比例尺同上，图上标明道路交叉点、变坡点控制高程，室外地坪规划标高。

6）单项或综合工程管网规划图。比例尺同上，图上应标明各类市政公用设施管线的平面位置、管径、主要控制点标高以及有关设施和构筑物位置。

7）表达规划设计意图的模型或鸟瞰图。

3. 村庄规划的成果构成

村庄规划成果包括规划文本、规划图集等。

（1）规划文本，包括规划依据及原则、村庄现状概况、相关规划解读、目标与理念、空间结构布局、建设用地结构布局、农村居民点规划、公共基础设施布局等的详细描述。

（2）规划图集，包括区域关系图、村域土地使用现状图、村域规划结构图、村域土地使用规划图、公共服务设施规划图、道路交通规划图、公用基础设施规划图、安全和综合防灾减灾规划图、近期村庄建设规划图等。

2.3.5　知识点准备

1. 控制性详细规划的控制指标

控制性详细规划的控制指标分为规定性指标与指导性指标两类。规定性指标是编制修建性详细规划或规划管理时必须执行的指标；指导性指标是供管理者和设计者参考的指标。

（1）规定性指标

包括用地性质、建筑密度、建筑控制高度、容积率、绿地率、基础设施和公共服务设施配套、停车泊位、交通出入口方位、建筑后退红线距离等。根据《城市规划编制办法》（2006年版）第四十二条规定，前六项为强制性内容。

1）用地性质：用地性质即土地的主要用途。按照国家现行标准《城市用地分类与规划建设用地标准》GB 50137—2011中的分类规定，将规划区用地分至小类，无小类的分至中类。

2）建筑密度：建筑密度指地块内各类建筑的基底总面积与地块面积之比（％）。建筑密度的确定应考虑区位条件、用地性质、土地级差、建筑群体空间控制要求等因素。

3）建筑高度（建筑控制高度）：建筑控制高度指满足日照、通风、城市景观、历史文物保护、机场净空、高压线、微波通道等限高要求的允许最大建筑高度（m）。建筑高度的确定应与地块的区位、地块性质、建筑间距、容积率、绿地率综合考虑。

4）容积率：容积率（FAR）指地块内建筑总面积与地块面积的比值。计算公式为：

$$FAR = S_a / S$$

式中，

FAR——容积率；

S_a——地块内建筑总面积；

S——地块面积。

容积率的确定应考虑用地性质、土地级差、建筑高度、建筑密度等因素。

5）绿地率：绿地率指规划地块中绿地总面积与地块面积之比（％），是衡量环境质量的重要指标。

6）公共服务设施配套要求：主要指与居住人口规模相对应配建的为居民服务和使用的各类设施，一般用于居住区。

7）停车泊位：指各地块内按建筑面积或使用人数必须配套建设的机动车停车泊位数，一般包括机动车与非机动车。

（2）指导性指标

包括人口容量、建筑形式/体量/风格要求、建筑色彩要求和其他环境要求等。

2．建筑及景观相关知识

（1）建筑分类

根据建筑高度进行分类，可分为超高层、高层、多层、低层四类。住宅建筑按层数分类：1～3层为低层住宅，4～6层为多层住宅，7～9层为中高层住宅，10层级以上为高层住宅；除住宅建筑以外的民用建筑高度不大于24m为单层和多层建筑，大于24m为高层建筑（不包括建筑高度大于24m的单层公共建筑）；建筑高度大于100m的民用建筑为超高层建筑。

（2）建筑后退

建筑后退指建筑控制线与规划地块边界之间的距离（m）。建筑控制线指建筑主体不应超过的控制线。建筑后退的确定应综合考虑不同道路等级、相邻地块性质、建筑间距要求、历史保护、城市设计与空间景观要求、公共空间控制要求等因素。一般来说，各个地区建筑退界的具体规定各不相同，在规划编制的过程中，应明确掌握规划地块所处地区对建筑退界作出规定的相关规范和法规。

（3）建筑间距

建筑间距是指地块内建筑物之间以及与周边建筑物之间的水平距离要求（m）。通常而言，日照标准、防火间距、历史文化保护要求、建筑设计相关规范等作为建筑间距确定的直接依据。

（4）建筑色彩

建筑色彩与人的感知有关，是城市风貌地方特色保持与延续、体现城市设计意图的一项重要内容。一般从色调、明度与彩度、基调与主色、墙面与屋顶颜色等方面进行控制与引导。

（5）建筑美学

建筑美学的核心在于研究建筑及其环境美的本质及规律，建筑形式美法则是建筑美学观念中的重要内容，包括对比与微差、比例与尺度、均衡与稳定、韵律与节奏、重复与再现、渗透与层次等方面。

（6）建筑"第五立面"

"第五立面"即建筑屋顶部分，是建筑外形的有机组成部分，是城市天际线景观的有机组成部分，能够凸显建筑与城市的特色与个性。

（7）景观斑块、廊道、基质

Forman（1981）认为，组成景观的结构单元不外于斑块（Patches）、廊道（Corridor）、基质（Matrix）三种，"斑块—廊道—基质"是形成景观空间格局的基本模式。Forman认为斑块为外观上不同于周围的不规则表面，是景观空间比例上的最小均质单元。廊道是指景观中与相邻两边环境不同的线性或带状结构，包括公路、河道等。基质是指景观中面积最大、连通性最高并且在景观功能上起着优势作用的景观要素类型，包括连片的林地等。

3. 其他相关知识

（1）规划五线

城市规划五线是指城市红线、城市绿线、城市蓝线、城市紫线、城市黄线。城市红线是指城市规划确定的各类道路路幅的边界控制界线，包括道路交叉口等用地范围的边界控制线。城市绿线是指城市规划确定的城市各类绿地的边界控制线，包括公共绿地、防护绿地、生产绿地、居住区绿地、单位附属绿地、道路绿地、风景林地、广场用地等。城市蓝线是指城市规划确定的河、湖、库、渠和湿地等城市地表水体保护和控制的地域界线。城市紫线是指历史文化名城保护规划确定的历史文化街区及历史文化街区以及经县级以上人民政府公布保护的历史建筑的保护范围的边界控制线。城市黄线是指城市规划确定的对城市运行有影响的、必须控制的城市基础设施用地的边界控制线。

（2）城市风貌

城市风貌包括体现城市历史文化和人文气质的"风"，也包括展现城市物质空间特色的"貌"。其中，"风"是"内涵"，是对城市社会人文取向的非物质特征的概括，是社会风俗、风土人情、戏曲、传说等文化方面的表现，是城市居民对所处环境的情感寄托，也是对城市精神的一种积极倡导；"貌"是"外显"，是城市物质环境特征的综合表现，是城市整体及构成元素的形态和空间的总和，是"风"的载体。城市风貌具有整体性、稳定性、艺术性这三大特性。城市风貌的感知要素有山水环境、开敞空间、建筑表现。城市风貌规划内容包括总体形象定位、空间形象结构规划、建筑色彩规划、绿地系统规划、重要城市界面和重要节点规划等。

（3）社区生活圈

《上海市城市总体规划（2017—2035年）》提出"15分钟社区生活圈"，并颁布相关导则对居住社区进一步落实，提出"15分钟社区生活圈"是打造社区生活的基本单元，即在15分钟步行可达范围内，配备生活所需的基本服务功能与公共活动空间，形成安全、友好、舒适的基本生活平台，生活圈的范围一般约3~5km²，常住人口5万~10万人。《城市居住区规划设计标准》（GB50180—2018）总则部分提出"为确保居住生活环境宜居适度"的制定目的，并以"生活圈"作为居住分级控制的层级标准，将生活圈分为"十五分钟（1000m）—十分钟（500m）—五分钟（300m）—居住街坊"四级。

（4）TOD开发模式

TOD（Transit Oriented Development）即以公共交通为导向的开发模式，要求以火车站、机场、地铁、轻轨等轨道交通及巴士干线的站点为中心，以400~800m（5~10分钟步行路程）为半径进行高密度开发，形成同时满足居住、工作、购物、娱乐、出行、休憩等需求的多功能社区，实现生产、生活、生态高度和谐统一。

2.4 专项规划

根据《若干意见》确定的"五级三类"国土空间规划体系，专项规划是指在特定区域（流域）、特定领域，为体现特定功能，对空间开发保护利用作出的专门安排，是涉及空间利用的专项规划。

专项规划的类型包括：

（1）针对特定区域（流域）的专项规划，可跨行政区划进行，例如城市群、都市圈、自然保护地、长江经济带、海岸带规划等，由所在区域或上一级自然资源主管部门牵头组织编制，报同级政府审批；

（2）针对涉及空间利用的某一特定领域的专项规划，例如交通、能源、水利、农业、信息、市政等基础设施、公共服务设施、军事设施以及生态环境保护、文物保护、林业草原等，相关主管部门组织编制。

一方面，专项规划的编制要遵循国土空间总体规划的指导，不得违背总体规划的强制性内容，在有关技术标准上也要充分衔接。要针对具体领域的特定内容，对国土空间总体规划进行深化与细化，更专业有效地落实对空间与设施的合理保护利用和统筹安排。例如在公共服务设施专项规划中，要在符合国土空间总体规划的前提下，进一步确定设施的建设规模、配置标准、控制指标、空间布局等要求。

另一方面，专项规划要向下充分指导详细规划的编制，为其提供定性、定量、定位的科学依据。相关的专项规划间也要相互协同。

2.4.1 规划主要内容

1. 特定区域（流域）专项规划的主要内容

此处以流域专项规划为例对规划内容进行展开说明。但需要特别注意的是，都市圈、城市群、流域规划等专项规划因其各自所处区域的不同特征而存在差异化的关注点。在生态文明导向的政治逻辑转变和资源环境约束下的发展逻辑转变背景下，新时期的都市圈规划侧重以空间为核心的专项规划，而非传统都市圈规划的综合性发展规划。区域空间层面的协同、跨界空间的协调、产业空间的布局、生态空间的共同保护、与空间紧密相关的设施协调等内容将成为重点[①]。《长

---

① 徐海贤，孙中亚，侯冰婕，等. 规划逻辑转变下的都市圈空间规划方法探讨［J］. 自然资源学报，2019，34（10）：2123-2133.

江经济带国土空间规划》关注"共抓大保护、不搞大开发"理念下长江经济带沿线系统性的国土空间保护和开发、生态环境保护和修复等；湖南省推动环洞庭湖区域编制国土空间规划，其作为生态为主的区域，应重点关注生态空间的保护、生态廊道的联通、旅游产业空间的布局等。

2. 特定领域专项规划的主要内容

此处以交通专项规划为例展开说明。交通专项规划的核心是要完成各项交通设施的科学配置和空间的优化布局。该规划核心内容涉及现状评估、规划目标、战略导向、空间布局、配置标准和实施保障等。

2.4.2 现场踏勘

现场踏勘能帮助规划设计人员对专项规划要素获取直观感性的认知。由于规划侧重点的不同，不同类型的专项规划对现场踏勘技巧具有差异化的要求。而在某一特定领域的专项规划中，要重点摸清专项规划要素的现状发展情况，包括准确位置、实际规模、使用频率、服务范围和空间布局合理性等，并整理现场踏勘照片和绘制现状图，也要与现有控规进行对比，评估完成情况。考察周边情况，预测未来需求，为下一步规划的补充与调整提供支持。

2.4.3 调研及资料收集

1. 部门调研及资料收集

结合具体专项规划要素确定调研与资料收集的部门。一类是提供综合性资料的部门，例如向自然资源部门收集基础地形、国土空间总体规划、详细规划、规划设计标准规范等资料；一类是提供专业性资料的部门，例如向交通运输部门收集城市道路交通现状与规划材料、近期重大项目清单等。收集的资料既可以是较权威的官方统计数据、公报、规划文件等，也要加强对大数据资料的灵活应用。

2. 专业座谈

结合具体专项规划要素确定参与专业座谈的对象，包括但不限于相关部门、街道社区、协会组织、专家学者、相关利益个体等。通过集中式的专业访谈全方位地摸清现状问题与规划诉求。还可以根据访谈深度要求的不同进行单点式深入访谈作为补充。

2.4.4 规划成果构成

专项规划的成果差异比较大，应结合具体的专项规划内容进行调整，根据各类专项规划的内容侧重，具体确定规划成果，形式相应内容的专项规划报告。

2.4.5 知识点准备

针对特定区域的专项规划主要涉及城市群、都市圈、都市区、自然保护地等基本知识点。针对特定流域的专项规划主要涉及海岸带、生态环境容量等基本知识点。

（1）城市群：在特定的地域范围内具有相当数量的不同性质、类型和等级规模的城市，依据一定的自然环境条件，以一个或两个超大或特大城市作为地区经济的核心，借助现代化的交通工具和综合运输网的通达性以及高度发达的信息网络，发生与发展着城市个体之间的内在联系，共同构成一个相对完整的城市"集合体"（《城市地理学》（第二版）许学强、周一星、宁越敏编著）。

（2）都市圈：城市群内部以超大特大城市或辐射带动功能强的大城市为中心、以1小时通勤圈为基本范围的城镇化空间形态（《国家发展改革委关于培育发展现代化都市圈的指导意见》）。

（3）都市区：一个大的核心以及与这个核心具有高度的社会经济一体化倾向的邻接社区的组合（《城市地理学》（第二版）许学强、周一星、宁越敏编著）。

（4）海岸带：海岸线向海、陆两侧扩展一定距离的带状区域，是海陆交互作用、自然环境较不稳定的地带，具体的定义及划分的宽度没有统一的标准。在世界银行发布的《海岸带综合管理指南》中定义海岸带为"陆地与海洋的界面，包括海岸环境以及邻近沿海水域，其组成的理想类型可以包括三角洲、沿海平原、湿地、海滩和沙丘、珊瑚礁、红树林、潟湖以及其他海岸类型"。美国颁布的《海岸带管理法》规定海岸带是"沿海州的海岸县和彼此间交互影响的临海水域（包括其中和其下的陆地）和邻近的滨海陆地（包括其中和其下的水域），这一地带包括岛屿、过渡区和潮间带、湿地和海滩"。

第 3 章

规划设计项目编制实践示例

3.1 A市国土空间总体规划

3.1.1 项目概况

A市是我国东南沿海的区域中心城市之一，是国家历史文化名城、东南沿海重要的商贸城市，素有"东南山水甲天下"的美誉。在新时代国土空间规划的使命之下，该市也处在历史性转变的关键节点。本项目的规划任务是谋划该市新时代发展的新篇章，基于开放、协调、创新、绿色等新理念，开展国土空间总体规划。

3.1.2 现状分析

从现状来看，该市正面临着四个方面的挑战：

（1）生态优势显著，但两山理论实践未得到突出和彰显。

该市山水林田湖海岛的自然资源全要素集聚，全要素生态保护有条件作为全省、全国的标杆。但目前仍存在海水富营养化、河道水质污染等问题。

（2）市域平原空间有限，城镇与农业用地矛盾突出。

该市东部沿海平原地带占市域面积的比例不足三分之一，现状城乡建设集中分布在该区域，可用、可腾挪用地空间极其紧张，建设用地供给紧张情况突出。现状人均建设用地全省最集约，约为全省平均水平的一半。

（3）可持续发展能力不足。

人口方面，人口增速缓慢，高素质劳动力持续流出。产业方面，民营经济依循传统发展路径，工业用地紧缺，指标难，价格高，造成本地企业外迁。工业用地供求不平衡，造成工业地价持续偏高，在长三角城市群里仅次于上海，约是杭州工业地价的两倍。

（4）区域地位摇摆不定，区域地位不稳固。

在省级国土空间规划征求意见稿中，该市在全省城镇空间格局中地位降低。从长三角层面来看，2008年该市首次加入长三角，2016年遗憾离开，2019年再度纳入长三角。目前该市作为41个长三角中心城市之一，战略地位、需要扮演的角色仍不清晰，与长三角其他城市的多中心体系格局还未成形。

3.1.3　规划思路

该市国土空间总体规划的思路主要分为三个阶段。首先以问题导向出发，结合现状分析提炼出某市当前面临的四大主要挑战，包括生态优势未提升到更高水平、建设用地紧张且统筹困难、可持续发展能力不足、区域地位不稳固。其次，基于现状问题和国省级战略要求，提出发展目标，并优化国土空间要素资源配置，形成与发展目标相对应的总体结构。再者，结合"四个高"的规划导向，从高水平保护、高质量发展、高品质生活、高效能治理四个方面提出具体的行动措施。

3.1.4　主要内容要点

1. 规划目标

市级国土空间的核心内容
落实国家级和省级规划的重大战略、目标任务和约束性指标，在科学研判当地发展趋势、面临问题挑战的基础上，提出提升城市能级和核心竞争力、实现高质量发展和创造高品质生活的战略指引。

分析A市在全球、国家、省级三个层面的发展趋势与相关重要政策，全面承接中央、省、市各个层面的战略部署，落实城市责任。

从民营经济、长三角、活力、创新、文化等多个层面，结合业内知名教授和专家对于A市的发展趋势分析和建议，多角度梳理城市特点。寻找与该市发展途径相近的国内外其他城市，进行对标城市案例研究，分析借鉴经验。

国土空间总体规划的总目标不仅仅是针对物质空间的，还需要涵盖区域定位、产业经济等层面的内容，需要概括城市的特点。规划确定某市的目标定位为"生态全要素保护优先、高质量民营经济驱动、浙南山水诗意特色浓郁的区域中心城市"。主要涵盖以下四个方面的内容：

（1）东南沿海重要的区域中心城市：发挥长三角南大门对周边区域的辐射作用。基于未来长三角网络化的结构目标态势，练好内功，打造特色节点，发挥特而强的职能。

（2）民营健康示范城市：补充新动能，从体力城镇化到智力城镇化，实现高质量发展，建设成为我国民营经济领跑者。结合习总书记的要求，打造"两个健康"先行区，培育民营企业，组织世界华商大会。

（3）生态文明示范城市：保护和利用自然资源，实现"山水林田湖海岛"全要素生态文明示范，实践两山转化理论。

（4）山水诗意特色城市：利用瓯越山水生态和"义利并举"学派，谢灵运山水诗发源地，为人民追求高品质生活提供条件，独具特色的人文魅力和文化底蕴。

2. 国土空间总体格局

● 市级国土空间的核心内容
确定市域国土空间保护、开发、利用、修复、治理总体格局，明确全域城镇体系，划定国土空间规划功能分区，明确生态农业复合区等功能分区，明确空间框架功能指引。针对城镇体系格局的总体布局提出明确规划指引。

市域国土空间格局与"生态全要素保护优先、高质量民营经济驱动、浙南山水诗意特色浓郁的区域中心城市"的城市发展目标相呼应（图3.1）。

第一，加强城镇集聚、强化两核四轴、凸显东南沿海重要的区域中心城市，通过打造都市区主中心和副中心，形成四条区域发展轴。

第二，鼓励强化强镇特色，以多组团的空间模式、城市群的发展方式，打造产业统筹、民营经济健康的示范城市。

第三，突出生态优势，通过规划四区六片，打造生态文明示范，耕地合理保

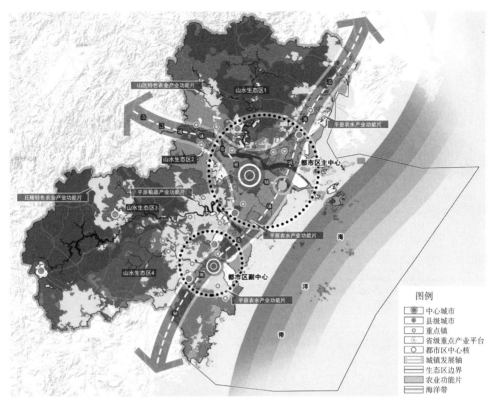

图3.1　市域国土空间总体格局图

护的山水诗意特色城市。省层面可以承担更多的生态责任，形成四大山水生态区。农业形成六个特色功能片，海洋带的全域全要素保护与利用。

市域国土空间格局分为保护格局和开发格局两个层面。

国土空间保护格局为"四区、六片、一带"，构建"山水林田湖草"生命共同体，重塑生态绿色一张网（图3.2）。"四区"指四大山水生态区，"六片"指六大农业功能片，"一带"指一条东海海洋带。

国土空间开发格局为"两核、两轴、多组团"，重组城镇空间发展网络，形成发展布局一盘棋（图3.3）。"两核"指都市区主中心、副中心，"两轴"指城镇发展轴，分别为沿海城镇发展轴、沿江城镇发展轴。"多组团"指多个特色小城镇群，分别为多个以强镇为依托的特色小城镇群组团。

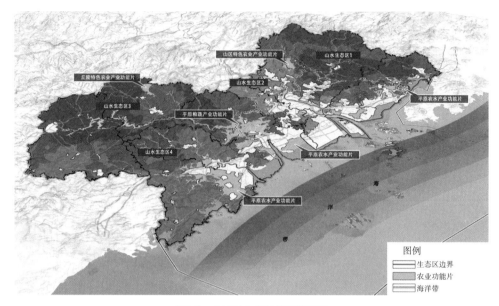

图3.2　市域国土空间保护格局图

图3.3　市域国土空间开发格局图

3. 国土空间功能分区与控制线

市级国土空间的核心内容
确定覆盖全域的陆域三类空间、海域三类空间以及陆海统筹控制空间，划定市域层面城镇开发边界、永久基本农田、生态保护红线。

结合三调现状，将现状国土空间按照生态、农业、城镇、海洋四类空间进行分类，在现状的基础上优化国土空间资源配置，规划形成生态保护区、农业与农村发展区、城镇建设区、海洋与保护利用区四大国土空间规划功能分区（图3.4、图3.5）。

底线思维、实事求是，遵循不交叉、不重叠，允许少量"开天窗"的原则，统筹划定"三条控制线"，合理控制整体开发强度，统筹生产生活生态空间（图3.6）。

图3.4 四大国土空间规划功能分区图

图3.5 类国土空间规划一级用途分区图

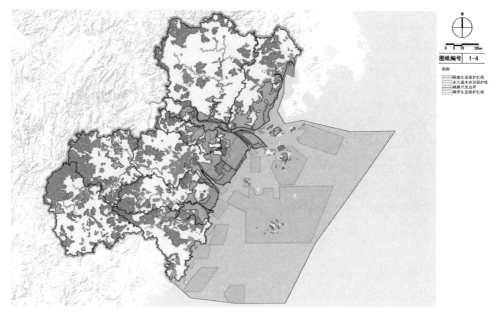

图3.6 空间控制线划定图

4. 国土空间用地结构和布局优化

按照国土空间规划功能分区，制定规划期内全域主要用地结构调整方案，对农用地、建设用地、陆域自然保留地、海域等用地规模和比例关系进行深入研究。

（1）陆域自然保留地

市级国土空间的核心内容

针对全域生态安全格局的总体布局提出明确规划指引。明确各类自然保护地范围边界。

结合"双评价"明确生态保护格局。将自然保护地、森林公园、风景名胜区的核心区；地质灾害高易发区；坡度在25°以上地区；连片生态公益林、森林生态控制区、Ⅰ级和Ⅱ级保护林地；坡度大于15°且植被覆盖度大于60%的水土保持重要区域；重要水系及湿地等区域纳入重要生态保护区。

规划形成2大生态保护片、2大生态休闲片、n片重要生态斑块、3条主要生态廊道、14条其他水系生态廊道（图3.7）。构建清晰完善与国家对接的自然保护地体系，建议形成"1个国家公园—7个自然保护区—20个自然公园"的自然保护地体系结构。

（2）农用地

市级国土空间的核心内容

针对乡村振兴格局的总体布局提出明确规划指引。

以乡村振兴战略为指引，统筹区域农业农村发展，优化农用地的空间结构与布局。从生产、生态、景观文化三个功能方面，对耕地进行综合评级，保障高质量的农业生产空间。

目前，乡村空间总量减少，特别是都市区主中心和副中心区域周边的乡村。在具有独特资源的乡村区域促进城乡双向流动，根据乡村振兴要求，分类引导乡村。根据乡村聚落集聚水平分析，分为城郊融合型、特色保护型、集聚提升型和搬迁撤并型（图3.8）。

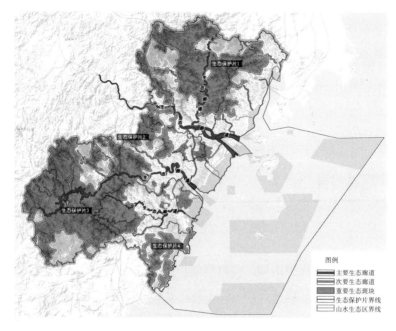

图3.7　重要生态保护区规划图

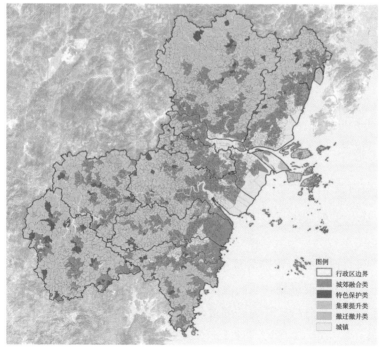

图3.8　乡村振兴分类示意图

（3）建设用地

根据发展战略、产出效益、人口流向，优化分配增量建设用地指标（图3.9 ~ 图3.11）。

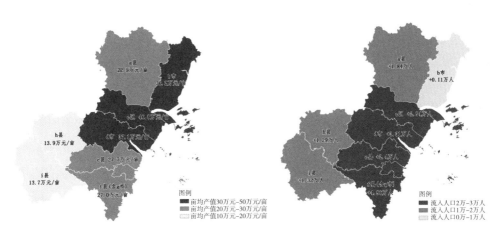

图3.9 现状产出效益分析   图3.10 近三年人口流向情况

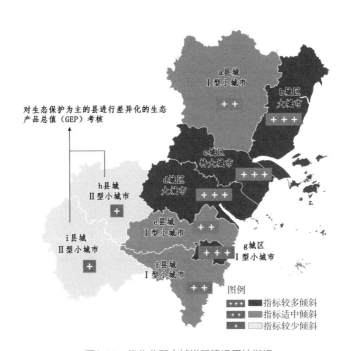

图3.11 优化分配市域增量建设用地指标

（4）海域

海域空间规划坚持生态优先原则，以海洋优先、海洋生态红线优化为基础，合理划分海洋保护与保留区。突出海陆统筹、河道水系治理与海洋保护衔接，功能互补协调，重视海洋经济发展，合理布置海洋发展区，形成七大海域分区，包括农渔业用海区、港口航运区、工业与矿产能源用海区、旅游休闲娱乐用海区、特殊用海区、海洋保留区、海洋保护区。

5. 支撑体系

支撑体系包括综合交通体系、公共服务设施体系、绿色市政基础设施体系、安全韧性防灾减灾体系。综合交通体系方面，保障省市级重要通廊，确保一大枢纽、四大交通廊道（图3.12）。该市辐射内地的枢纽格局尚未形成，缺少西南向高铁通道，严重制约该市的枢纽地位和长三角门户地位。建议在国家铁路等级层面增加西向的高速铁路，建议××铁路贯通九江、武汉、长沙等方向，作为该市东西向联系的第一通廊。

公共服务设施体系方面，提升城乡居民生活服务品质，重点保障市级公共服务设施，按15分钟生活圈标准配置各市县各类公共服务设施。市域公共服务中心及市县公共服务中心，保障所有应配建项目，基本完成按需配建项目，高标准配建设施（图3.13）。重点镇公共服务中心及一般镇公共服务中心，保障应配建设施，尽可能补足其他配建项目。

绿色市政基础设施体系方面，预控市级及以上的区域性能源市政基础设施廊道，明确控制要求，明确基础设施配置标准，协调安排市级邻避设施等的布局。

图3.12　市域综合交通体系

图3.13　市域公共服务中心分布图

安全韧性防灾减灾体系方面，坚持"预防为主、平战结合、平灾结合"，加快建立健全城市综合防灾体系，形成全市协调统一的综合防灾减灾系统，提高城市整体防灾抗毁和救助能力，确保城市安全。

> **市级国土空间的核心内容**
>
> 落实省级国土空间规划提出的山、水、林、田、湖、草等各类自然资源保护、修复的规模和要求，明确约束性指标；开展耕地后备资源评估，明确补充耕地集中整备区规模和布局；明确国土空间生态修复目标、任务和重点区域，安排国土综合整治和生态保护修复重点工程的规模、布局和时序；提出生态保护修复要求，提高生态空间完整性和网络化。

6. 国土综合整治与修复

生态空间综合整治与修复方面，基于整体和系统性思维，引导生态修复和优化。引入流域概念，运用景观生态学构建生态空间格局，以水为脉，沟通"山地—平原—海洋"（图3.14）。

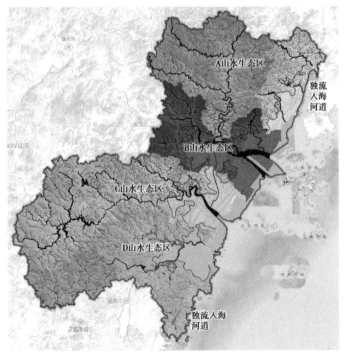

图3.14 基于流域的四大生态片区图

农业空间综合整治与修复方面，综合确定全市农用地整治重点区域和补充耕地集中储备区，主要包括鹿城西部山区、龙湾东部滨海区域、瑞安东部围垦区和中部地势平坦区域、乐清东北部区域、平阳和苍南的平原地区以及永嘉泰顺文成山区的盆地、谷地和台地等区域。

城镇空间综合整治与修复方面，充分挖潜存量低效用地，实现空间集约。存量空间用地主要包括可挖潜低效工业用地和城中村用地。

海洋空间综合整治与修复方面，按照海洋生态红线划定成果，到2035年完成全市342.58km海岸线整治修复，确保全省大陆自然岸线保有率不低于35%、海岛自然岸线保有率不低于78%。整治与修复具体包括岸线综合整治、围垦综合整治、海域综合整治、海岛综合整治。

7. 历史文化保护

在市域层面形成历史文化保护。某市有三个历史文化名城，一个国家级历史文化名城，两个省级历史文化名城，50个历史文化名镇、名村，9个中国传统村落。

市级国土空间的核心内容

对城乡风貌特色、历史文脉传承、城市更新、社区生活圈建设等提出原则要求。设置存量建设用地更新改造规模、地下空间开发利用等指标。

8. 市辖区中心城区空间结构和布局优化

中心城区层面，强调以人为本，提升居民的幸福感是关键（图3.15）。

生态方面，把生态优势转变为生活质量优势，森林进城，做靓底色。结合山水格局特征，重点建设山地森林、水网森林、海上森林、交通干线森林四大森林网络。增加口袋公园的数量，满足市民日常生活最便利的活动场地需求。

公共服务方面，构建15分钟生活圈，实践"未来社区"试点。充分考虑行政管理、完整性、便捷性的因素，初步划分出32个生活圈，其中新规划14个居住生活片区，已建成18个相对成熟的生活片区。

每个居住生活圈用地规模为3～5km²，人口为5万～10万人。按15分钟步行可达范围营造社区生活圈，按8～10分钟步行可达范围设置未来社区，保障社区居

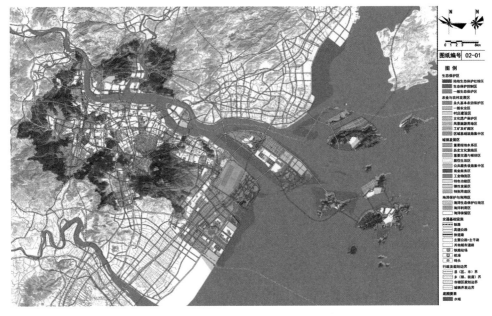

图3.15　中心城区二级用途分区图

民有品质的日常生活，实行大分散、小集中、高复合的邻里中心建设方式，形成全覆盖、无障碍、功能复合的公共生活网络。对18个相对成熟的生活片区和14个有待完善规划的居住片区，分别通过"微更新、见缝插针""全覆盖、无缝衔接"的方式构建15分钟生活圈。

● **市级国土空间的核心内容**

建立健全从全域到功能区、社区、地块，从总体规划到专项规划、详细规划，从地级市、县（县级市、区）到乡（镇）的规划传导机制。提出应当编制的专项规划和相关要求，发挥国土空间规划对各专项规划的指导约束作用；提出对功能区规划、详细规划的分解落实要求，健全规划实施传导机制。

9.　规划传导落实

在市域层面强化战略引导、刚性控制，强化市域统筹，规划编制过程重视市县联动、上下协同的有效衔接机制，充分发挥中心城市的统筹权，形成发展合力，提升都市区首位度。

向下传导包括定位传导、指标传导以及控制线划示三类。定位传导，指对于县级中心城市和市级重点镇的发展定位、职能分工等提出要求。指标传导，包括生态保护红线面积、永久基本农田保护面积、耕地保有量、城乡建设用地规模等约束性指标。控制线划示，指县级规划需落实市级及以上的控制线坐标界限，并进行细化。

提出各专项规划指引，包括市城镇群专项规划、市乡村振兴专项规划、市海岸带专项规划、市四大流域专项规划、市自然保护地体系专项规划等。

市级国土空间的核心内容
明确国土空间用途管制、转换和准入规则。充分利用增减挂钩、增存挂钩等政策工具，完善规划实施措施和保障机制。

制定空间准入许可表、用途转用规则表。

生态保护区中，生态保护红线区实行正面清单开发许可管制，生态保护红线外的生态空间以负面清单为主导，对允许和限制产业、项目类型进行引导。占用生态保护红线，应执行生态保护红线用途转用制度。

农业农村发展区，永久基本农田保护区、一般农业农村发展区，严格管制规模和布局。村庄建设用地，根据规划分类引导，对四类村庄制定管控要求清单。对于占用永久基本农田的情况，执行永久基本农田用途转用制度。占用耕地，实施耕地占补平衡，严格控制耕地转为非耕地。占用其他农用地，严格控制农用地转为村庄建设用地、城镇空间，鼓励有条件地区的转换转为生态空间。

城镇发展区，城镇集中建设区内根据用途分区、详细规划管控。城镇特别用途区，参照生态、农业空间，实行负面清单管制。当用途变更为公益性用途，按照规划执行，鼓励变为公益性用途。变更为非公益性用途，则按照规划执行。

海洋发展区，海洋生态保护红线区实行正面清单管控，海洋利用区以负面清单为主导，海洋保留区内限制开发，预留后备资源，待科学论证。海域变更为陆域，严格管控围填海权证的变更程序。海域空间内部变更用途，鼓励建设用海向海洋生态空间转变。

10. 分期实施与行动计划

● **市级国土空间的核心内容**
提出分阶段规划实施目标和重点任务，明确下位规划需要落实的约束性指标、管控边界和管控要求。

规划形成以目标为导向的行动领域和计划体系（表3.1）。

分期实施与行动计划表　　　　　　表3.1

战略目标	行动领域	行动计划
区域中心城市	领域一：特色A市，协同发展提升区域影响力	计划1：生态共保，打造浙江南部的生态门户
		计划2：推进区域交通设施建设，打造东部沿海重要交通枢纽
		计划3：携手上海嘉定区共建深度融合示范区
		计划4：A市–某市共建实验区
	领域二：实力A市，强化创新引领发展路径	计划5：建设省级发展平台"东海新区"
		计划6：建设环大罗山科创走廊
		计划7：三区联动，推动科创体制创新
	领域三：智力A市，优化多极点发展格局	计划8：强镇模式优化升级，打造智力强镇
		计划9：龙港体制机制创新
民营健康示范城市	领域四：活力A市，深化体制机制改革	计划10：加快都市区主中心整合建设
		计划11：以中央活力区建设为抓手，提升中心城区首位度
		计划12：深化"两个健康"先行区，推动民营经济体制机制
		计划13：吸引人才资源与智慧回流，充分发展人才经济
		计划14：金融体制创新，强化民间金融创新改革
	领域五：畅通A市，打造综合高效交通体系	计划15：以地铁为主，S线为辅，加快市域轨道交通建设
山水诗意之城	领域六：美丽A市，培育开放包容城市魅力	计划16：推进瓯江生态保护、景观塑造和文化开发，形成瓯江山水诗路
		计划17：以楠溪江文化景观带为重点，打造整体山水文化格局
		计划18：历史文化街区的保护与活化
		计划19：围绕山海空间特征，形成特色农业景观与农耕文化

战略目标	行动领域	行动计划
生态文明示范	领域七：绿色A市，建设绿色低碳生态文明	计划20：三垟湿地改造提升，推进城市公园建设
		计划21：大罗山生态绿心建设，推进森林进城

11. 规划实施监督信息系统与数据库建设

形成全过程的国土空间规划基础信息平台，建立覆盖国土空间规划编制、审批、实施、监测、评估、预警、公众服务全过程的信息化应用体系。

3.1.5 案例小结

针对市级层面的国土空间总体规划而言，在规划地位上，属于省级国土空间规划的下位规划，应承接并细化落实省级国土空间规划的要求，侧重实施性。

市级国土空间总体规划需要对市域进行统筹协调，并逐级传导落实，制定刚弹相济、等级传导的管控手段，落实行动计划。向下传导包括定位传导、指标管控传导以及控制线划示三类。

3.2 B县国土空间总体规划

3.2.1 项目概况

B县位于中部某省西南部，位于黄河、京杭大运河、大汶河交汇处，是国家南水北调东线工程的重要枢纽。本项目的规划任务是谋划某县生态资源保护及高质量发展，对县域范围内国土空间开发保护作出总体安排和综合部署，是落实市级国土空间规划要求的主平台。

县域东西最大横距55.5km，南北最大纵距38km，全县土地总面积1343km²，辖3个街道，9镇2乡，县域总人口约为79.4万。

3.2.2 现状分析

由于该县的生态安全战略性突出，现状分析从山水林田湖草的角度分析县域的生态空间要素，在"三调"成果的基础上，整合规划编制所需的空间关联现状数据和信息，形成国土空间规划的一张底图（图3.16）。在此基础上，对全县的生态空间、城镇空间、农业空间的国土空间格局进行梳理评价。

（1）生态空间：生态资源极为丰富，山、水、平原三分天下，对县域的山体、水系、重要保护林地等进行系统梳理，县境内拥有多种地貌类型，山地、丘陵、平原、洼地，县域西部为湖区，湖区周边为黄河的蓄滞洪区，县域东部为大

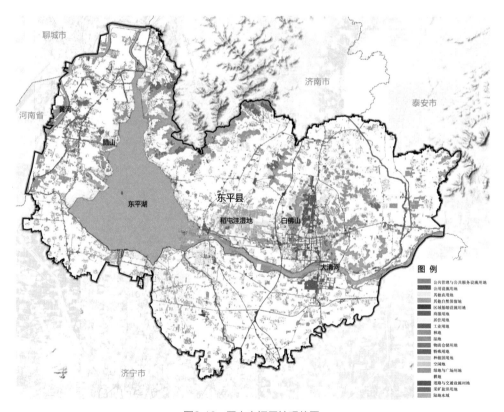

图3.16 国土空间用地现状图

汶河冲积平原地貌。县界北部少量矿山亟待修复。

（2）城镇空间：对中心城区、各城镇空间内的具体用地类型进行分析，尤其关注重点镇、主要产业空间等。

（3）农业空间：分析耕地、永久基本农田的规划完成情况和空间布局特征及各乡镇产业、人口等现状，发现该县一部分永久基本农田被占用，影响耕地和永久基本农田指标的完成；移民工程对于村庄的搬迁和撤并需要结合实际问题统筹考虑。

3.2.3 规划思路

（1）生态立县。由于该县的生态重要性，因而应主动对接上位要求，认清区域角色定位，作为黄河中下游流域的水生态安全节点、南水北调中线的枢纽工程，在国家水安全生态格局中承担重要使命，同时也落实省内智能绿色低碳发展示范区的要求。

（2）区域协作。以省内提出的城镇发展策略为趋势，紧紧抓住运河航运兴起和对外交通调整的机遇，构建融入区域协作的重要城市。

（3）高质量发展。依托该县拥有的全省第二大湖的生态资源优势，走以山水旅游、绿色产业为主的低碳、高质量发展的道路。

3.2.4 主要内容要点

1. 目标策略

本轮国土空间总体规划应主动对接上位要求，认清区域角色定位，梳理历版规划发展定位后，提出本次规划定位为：鲁西南重要的流域生态保护示范区；环泰山大省会都市圈的重要节点、山水文化城市。

2. 县域国土空间格局

县域国土空间格局分为保护格局和开发格局两个层面。

国土空间保护格局为"一湖一洼，三区五廊"，构建"山水林田湖草"生命共同体，重塑生态绿色一张网（图3.17）。"一湖"指东平湖，"一洼"指稻屯洼，"三区"指大清河北部的山地丘陵区、大清河南部平原区以及环湖保育区，"五廊"指黄河、大清河、汇河、稻屯河、小清河的五条河道生态保育区。

3. 国土空间规划功能分区与控制线

规划形成生态保护区、农业与农村发展区、城镇建设区三大国土空间规划功能分区。

底线思维、实事求是，遵循不交叉、不重叠，允许少量"开天窗"的原则，统筹划定"三条控制线"（图3.18），合理控制整体开发强度，统筹生产生活生态空间。

4. 国土空间用地结构和布局优化

（1）构建自然保护地体系
自然保护地按生态价值和保护等级分为国家公园、自然保护区、自然公园三级（图3.19）。

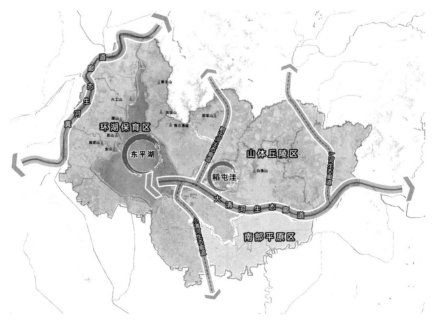

图3.17　B县国土空间开发保护总体格局

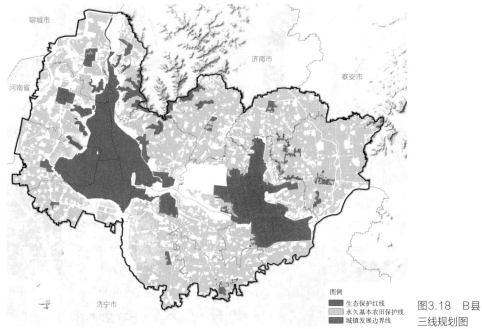

图例

■ 生态保护红线
□ 永久基本农田保护线
■ 城镇发展边界线

图3.18　B县
三线规划图

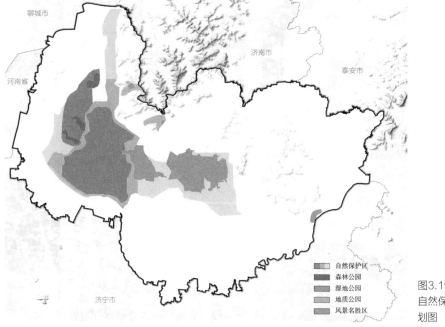

■ 自然保护区
■ 森林公园
□ 湿地公园
□ 地质公园
□ 风景名胜区

图3.19　B县
自然保护地规
划图

（2）耕地保护规划

初划永久基本农田示范区、永久基本农田集中区、永久基本农田储备区
（图3.20）。

（3）建设用地

根据湖区生态保护优先战略和产出效益导向优化分配增量建设用地指标
（图3.21）。

图3.20　B县永久基本农田示范区、集中区、储备区规划图

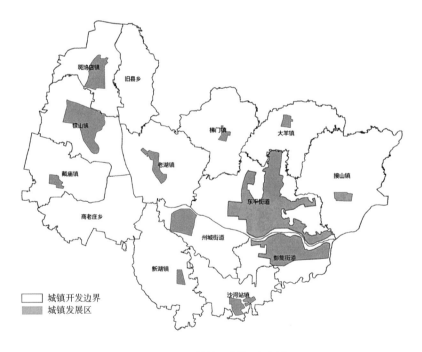

图3.21　B县城镇开发边界规划图

（4）农村农业发展与农用地保护利用规划

落实上位规划分解下达的永久基本农田保护任务，促进永久基本农田集中连片保护。以乡村振兴为指引，统筹现代农业发展、分类引导农村居民点建设，促进耕地集中连片、产业多元发展、农村居民点集约集聚的农业农村发展格局。

以村庄居民点分类引导为例，结合国家乡村振兴战略要求，对全域716个行政村进行5类划分引导，对不同类型村庄提出差异化的配套设施配置内容和标准。

规划搬迁撤并类村庄380个，包括位于生态保护红线内的，地质灾害易发区的，空心化严重的，用地规模小而散且无明确保护要求的村庄，对此类村庄引导实施搬迁撤并，严格限制新建、扩建，逐步引导人口迁出，撤并入其他村庄。搬迁后宅基地根据自然条件复垦为农用地或生态用地，调出建设用地指标。引导人口向就近重点村庄集聚，推行多元安置。

规划城郊融合类9个，此类村庄距离镇区较近，能与镇区共享设施，要加快推进此类村庄与城市产业的融合发展、基础设施互联互通、公共服务设施共建共享，保持乡村风貌与形态的同时强化治理水平。

规划集聚提升类261个，此类村庄区位条件好，人口规模大且集中，经济实力较强，设施配套较齐全，发展诉求较强。要加快推进此类村庄在原有基础上改造提升，发挥自身优势，激活产业动能，提升宜居环境。

规划集聚发展类47个，此类村庄现状基础设施和公共服务设施相对完善、经济社会发展基础较好，具有一定辐射带动作用的中心村和农村新型社区。

规划特色保护类19个，包括历史文化名村、传统村落、特色景观旅游名村等自然历史文化特色资源丰富的村庄。对此类村庄要统筹保护、利用与发展，在保持村庄选址、格局、风貌、建筑的完整性、真实性和延续性的基础上，实现功能更新和活化利用。

5. 支撑体系

支撑体系包括综合交通体系、公共服务设施体系、绿色市政基础设施体系、安全韧性防灾减灾体系。

构建"公铁水"完备的交通体系（图3.22）：

（1）公路规划

规划泰东高速，强化与泰安的联系；

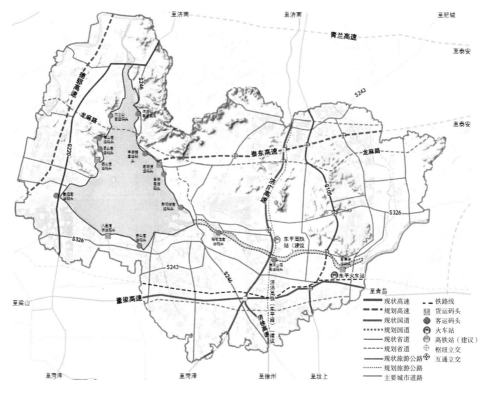

图3.22　B县综合交通规划图

　　规划东西向干线公路（龙麻路），促进湖区东西两岸交流，加强与河南的联系；

　　推动G105二期工程，优化港区与开发区的联系；

　　规划德郓高速，加强与德州、菏泽的联系；

　　规划环东平湖旅游公路、B县城外环。

（2）铁路规划

　　推动济济高铁建设，并在B县设站。

　　建议将高铁站设于中心街道大清河西南侧，发挥对州城、彭集、其他乡镇的辐射作用。

（3）水运规划

　　推动泰安港成为山东地区性重要港口。

4个货运码头：银山、老湖、八里湾、彭集。

11个客运码头：稻屯洼、清河公园、老湖等。

3.2.5 案例小结

县级国土空间规划是国土规划由战略规划转向实施性规划的重要节点，是对市级国土空间总体规划的细化落实，是县人民政府对本行政区域国土空间开发保护作出的具体安排，也是县编制详细规划和专项规划的依据。

3.3 C镇国土空间总体规划

3.3.1 项目概况

C镇位于县城东南侧，沿S227距县城约20分钟车程，长深高速纵穿而过，具有较好的区位条件。镇域面积共230km²，2018年总人口12.7万人，GDP11.5亿元，下辖49个中心村、143个行政村。

3.3.2 现状分析

现状分析主要从土地使用现状、生态空间、城镇发展、农业空间和支撑体系等方面展开，对全域全要素进行基础性摸底，识别重大风险与突出问题。

（1）分析"三调"的用地现状，摸清山水林田湖草城村等各类空间要素的现状情况，并完成相应的一张底图转换工作，为国土空间规划提供稳定真实的底数、底盘、底图（图3.23）。同时，将现状底图与原城市总体规划、土地利用规划等相关规划进行比对分析，分析原规划是否符合现状发展趋势与实际需求，为本轮的空间优化调整奠定基础。

（2）生态空间：对镇域的山体、水系、重要保护林地等进行系统梳理，发现该镇群山环抱、水库众多，山水林湖生态本底优越，但河流在村庄流域存在不同程度的污染，东部矿山亟待修复。

（3）城镇空间：对城镇空间内的具体用地类型进行分析，尤其关注重点组团、主要产业空间等，发现该镇工业用地占比过半，缺乏高品质空间。

（4）农业空间：分析耕地、永久基本农田的规划完成情况和空间布局特征，村庄产业、人口、风貌等现状，发现该镇村庄复垦难度大，影响耕地和永久基本农田指标的完成，东部、南部村庄人口流出严重，村庄风貌单一，资源特色挖掘不足。

（5）支撑体系：对交通、市政、水利等基础设施进行评估，发现该镇过境交通严重分割镇区，镇区沿道路呈带状形态，城镇格局未拉开。

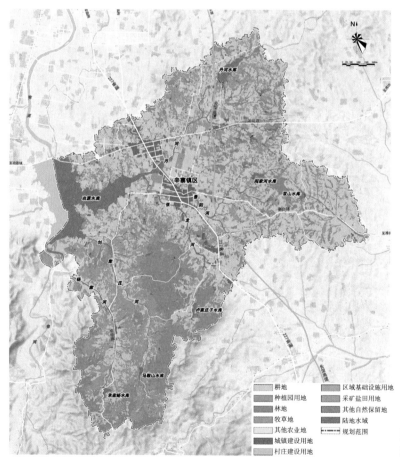

图3.23　国土空间用地现状图

3.3.3　规划思路

（1）生态优先，严守底线管控。严格坚守生态底线，保护"山水林田湖草"生命共同体，推进生态文明建设，践行"两山"理论；落实永久基本农田保护的刚性任务，质量、数量、空间分布优化三位一体；锁定城镇开发边界，控制城乡建设无序扩张。

（2）全域全要素资源统筹，合力发展。统筹全域各类发展要素，整合农业、工业、旅游业、现代服务业等各类资源，形成全域发展合力。

（3）以人为本，关注人民获得感。强化各类基础性和服务性设施支撑，明确配置标准和空间优化布局，全面实施乡村振兴，促进城乡一体化发展。

3.3.4　主要内容要点

1. 明确发展目标与规模

（1）落实上位规划的战略、目标任务和约束性指标。根据该镇的特色资源禀赋、经济社会发展情况等，确定发展目标为"打造资源保护与开发利用统筹先行区、临朐县副中心"。

以四个示范打造镇级国土空间规划的先行示范，包括：

1）生态保护示范：严格保护冶源水库、凤凰谷森林公园等生态保护红线内容；修复废弃矿山，进行水土治理。

2）人本城镇示范：以人民为中心做有温度的规划，关注居民生活幸福感；构建15分钟社区生活区，涵盖多样性、便捷可达的社区服务内容。

3）城乡统筹示范：强化乡村环境治理和提升公共服务设施，推进生活环境和公共服务的均等化；以乡村振兴带动农村产业发展和农民增收，缩小城乡差距。

4）新旧动能转换镇级示范：推动金属锻造、橡胶等传统产业转型升级，探索新技术、新业态和新模式；一、二、三产业融合发展，大力发展汽车配件、高端饮料加工、休闲旅游等产业。

（2）科学预测常住人口和建设用地规模。

规划到2035年C镇常住人口规模控制在8.5万人左右。

坚守建设用地规模底线,规划到2035年C镇建设用地总量控制在11.75平方公里,其中城镇建设用地规模为11.75平方公里,人均城镇建设用地为××平方米/人。

2. 明确空间格局和管控体系

结合规划目标与策略,统筹生态、农业、城镇,合理布局重大设施建设,确定镇域国土空间开发保护总体格局。落实上位国土空间规划要求,优化调整生态保护红线、永久基本农田保护线和城镇开发边界,划定三区三线的空间保护格局。

全域打造"一心连两轴,四片共互生"的国土空间开发保护总体格局(图3.24)。

"一心"为镇区综合公共服务中心:C镇域未来公共服务、商业服务等功能高度集聚的核心区。

"两轴"为沿东红路构建城镇发展轴、沿丹河打造丹河休闲生态轴。

"四片":生态保护区——高程300m以上的林业空间以生态保护功能为主;特色农业区——平原至缓丘地带发展生态农业、田园综合体等;现代产业区——以现代工业产业为主导,全面对接县城。

划定生态空间73.6km²,占全域31.9%。其中生态保护红线面积34.8km²(图3.25),包括:①冶源水库一级保护区主付坝上游坝肩以内,无坝处以137.7m的兴利水位高程为界;②结合县下达的红线初步方案,按集中成片原则,划入以凤凰山森林公园为主体的成片林地。生态保护红线是生态空间内最严格管控的生态资源。

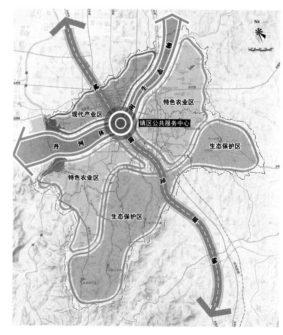

图3.24 C镇国土空间开发保护总体格局

农业空间145.2km²，占全域63.0%，其中永久基本农田面积97.5km²（图3.25）。

城镇空间11.7km²，占全域5.1%。城镇开发边界围合面积15.7km²（图3.25）。其中城镇集中建设区11.75km²；城镇弹性发展区2.69km²，应对城镇发展的不确定性，满足特定条件可进行城镇开发和集中建设；特别用途区1.3km²。

3. 自然资源与生态保护利用规划

以生态要素为规划对象，优化生态空间结构，明确管控要求。结合水土流失、水源涵养、矿山裸露等生态环境问题，提出生态修复和环境综合整治的目标任务、策略途径与重点方向，分类制定生态修复策略。

（1）规划打造"三区六廊七核"的生态空间结构，锚固生态要素（图3.26）。

"三区"为冶源水库生态片区、东北部丘陵生态片区、黑山林场生态片区。

"六廊"为丹河生态廊道、铁路高速沿线生态廊道、杨家河生态廊道、刘家庄河生态廊道、

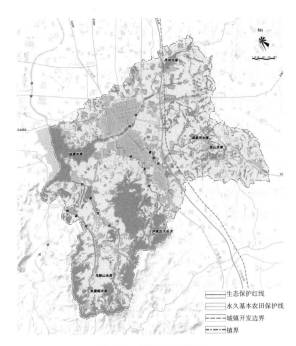

图3.25　C镇三线规划图

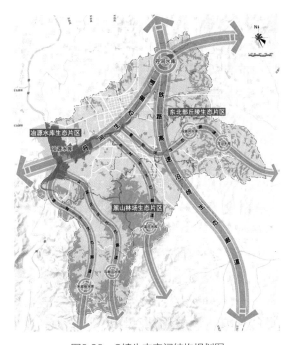

图3.26　C镇生态空间结构规划图

张龙河生态廊道、景阳河生态廊道。除铁路高速沿线生态廊道两侧预留20m宽度外，其余生态廊道沿河两侧预留5m宽度。

"七核"为冶源水库、丹河水库、朱家峪水库、马鞍山水库、卢家庄水库、阎家河水库、双山水库。

（2）污染河道治理，防洪调蓄规划

全域河湖河长制全覆盖，加强水污染防治和水环境治理。结合美丽村居，加强农村基础设施建设和村容环境整治，推进农村生活垃圾集中收集与处理，生活污水统一排放和治理，尤其是大小辛中村、杨家河村等沿河村庄。对全部工业企业实施截污纳管措施。

生态修复与防洪排涝安全双管齐下，打造滨水生态缓冲带。恢复河流水系的自然连通：尊重自然规律，恢复河流故道，打通断头河、拓宽引排河道卡口段，增加水体流动性、提高防洪排涝能力，充分利用河湖水系的调蓄功能，改善水环境。通过植被规划打造生态护岸：利用本地植物，考虑景观价值，选取能适应不同季节的、具有一定观赏价值的本地植物。

（3）郭家沟村东侧废弃矿山修复治理

采矿用地主要分布在郭家沟村、东夏家庄西侧、东刘家庄东北侧、胡家沟村南侧。该矿山土地裸露，地表扰动，具有水土流失风险和安全隐患，亟待修复。规划通过土壤治理复垦耕地。恢复耕地，用于耕地保有量和基本农田的占补平衡指标。结合光伏发电产业项目的需要进行合理利用，同时对地表土壤进行治理。

4. 城镇发展规划

优化划定城镇集中建设区、城镇弹性发展区和城镇特别用途区，提出重大产业平台空间、居住设施配套空间、公共服务设施等空间优化布局方案与措施。

（1）镇区规划（图3.27、图3.28）

规划城镇集中建设区11.75km²，是规划期内允许城镇开发和集中建设的区域。

规划城镇弹性发展区2.69km²，在指标总量不变的前提下，应对城镇发展的不确定性，在满足特定条件的情况下可进行城镇开发和集中建设的区域。城镇弹性发展区转为建设用地的面积，要在城镇集中建设区中等量核减。

规划特别用途区1.3km²，保持城镇开发边界完整性，主要包括与城镇关联密切的生态涵养、休闲游憩等区域。

（2）产业发展与平台建设（图3.29）

卧龙工业园规划面积39.23km²。对接临朐县城，做大做强规模，接收产业和功能外溢。以高端金属制品、机械制造、绿色有机食品加工等为发展重点，与周边社区共同构建一个产城融合、有机联系的活力整体。

辛寨工业园规划面积6.85km²。有序引导周边现状零散工业用地入园集中。侧重企业技术改造升级，做大做强祺月童车、横滨橡胶等重点企业。

凤凰山工业园规划面积14.24km²。发展汽车配件、电子机械等生态工业，打造一定规模的现代产业集群。

卧龙物流园规划面积3.77km²。发展现代物流产业。

辛寨影视特色小镇规划面积4.28km²。特色主题的影视创作与拍摄、旅游参观与体验、现代服务等。

图3.27　C镇城镇空间规划图

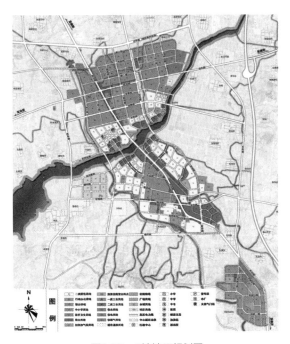

图3.28　C镇镇区规划图

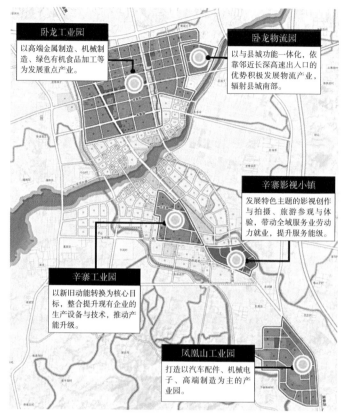

卧龙工业园
以高端金属制造、机械制造、绿色有机食品加工等为发展重点产业。

卧龙物流园
以与县城功能一体化，依靠邻近长深高速出入口的优势积极发展物流产业，辐射县城南部。

辛寨影视小镇
发展特色主题的影视创作与拍摄、旅游参观与体验，带动全域服务业劳动力就业，提升服务能级。

辛寨工业园
以新旧动能转换为核心目标，整合提升现有企业的生产设备与技术，推动产能升级。

凤凰山工业园
打造以汽车配件、机械电子、高端制造为主的产业园。

图3.29　C镇产业平台规划图

5. 农村农业发展与农用地保护利用规划

落实上位规划分解下达的永久基本农田保护任务，促进永久基本农田集中连片保护。以乡村振兴为指引，统筹现代农业发展、分类引导农村居民点建设，促进耕地集中连片、产业多元发展、农村居民点集约集聚的农业农村发展格局。

以村庄居民点分类引导为例，结合国家乡村振兴战略要求，对全域142个行政村进行5类划分引导，对不同类型村庄提出差异化的配套设施配置内容和标准（图3.30）。

规划搬迁撤并类村庄29个，规划城郊融合类29个，规划集聚提升类30个，规划特色保护类4个。

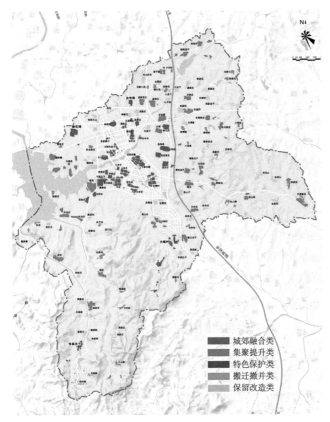

图3.30　C镇村庄分类引导规划图

6. 综合支撑体系规划

落实上位规划及相关专项规划的布局要求，对交通基础设施、公共服务设施、市政基础设施、防灾减灾设施等作出统筹安排。深化城乡交通线网、各类交通设施与枢纽布局；明确教育、文化、体育、卫生、社会服务等各类公共服务设施配置标准；进行供水保障论证，明确能源、信息、给水、排水、环保环卫、殡葬等市政基础设施发展目标与规划规模，明确重大市政基础设施（涉及城市安全、有邻避效应要求等）布局和要求；明确重大市政基础设施线网走向。

以综合交通规划为例，规划"四纵两横"的镇域对外交通（图3.31）。长深高速向北连接青州，南连沂水。辛杨路、东红路、227省道、滨九路连接临朐县城；充分对接临朐县城的主要环线，与临朐交通一体化发展。冶伦路、辛白路与周边镇的交通往来更便捷。

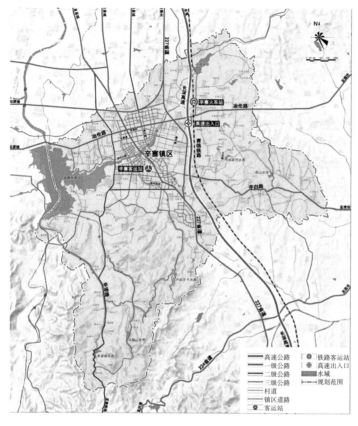

图3.31　C镇综合交通规
划图

　　按照实现村村通、行政村全部通达村级公路的目标进行村庄交通规划。

　　站点设置，保留1个现状客运站，位于丹河南侧；规划1个铁路客运站；规划3个快速公交环线站点。

3.3.5　技术要点小结

　　乡镇级国土空间规划是五级三类体系中的最后一级，以实现各类国土空间要素精准落地为目的，强调实施性。因此必须做好向上的承接，落实上位国土空间规划中的强制性内容，要深化、细化上位规划确定的目标体系、三区三线、用途分区、功能布局等内容。

3.4 D规划编制单元控制性详细规划

3.4.1 项目概况

本项目位于某省D市南部，规划范围为10.63km²，现状城市建设用地为485.25km²，其中，工业用地352.07hm²，占城市建设用地的72.55%（图3.32）。

图例	二类居住用地	一类工业用地	供电用地	林地	其他非建设用地
	幼儿园用地	二类工业用地	供燃气用地	村庄建设用地	规划范围
	办公用地	物流仓储用地	排水用地	公路用地	
	商业用地	城市道路用地	环卫用地	水域	
	商务用地	社会停车场用地	防护绿地	农林用地	

图3.32　现状用地图

3.4.2 现状分析

项目在区位、交通、产业、生态层面特色突出：

（1）区位层面：区位优势突出，与主城区跨江相望，是D市南部副中心的落实区域，是D市南部拓展的发展核心。另外，该市提出全力打造具有国际影响力的国家一流产业科创中心，建设"一廊一园一港"的科创载体，项目是国家一流科创中心的有机组成。

（2）交通层面："公铁轨"建设强劲，与主城区、上海联系便捷。轨交线串联京沪铁路的两个站点，连接基地与主城区，并与苏州轨交线相交，进一步接轨上海地铁线。内部交通层面，路网体系不完善，有多处尽端路，路网建设滞后。

（3）产业层面：现状工业零散低效，区域转型升级迫在眉睫。现状共计有521家工业企业，工业地均产值为209万元/亩，仅相当于D市工业地均产值390万元/亩的一半，整体偏低。

（4）生态层面：区域生态战略地位突出，内部生态资源丰富。基地属于典型的江南水乡地区，邻近3处重要的市级生态廊道和节点。另外，内部湿地湖荡纵横、生态斑块丰富，但仍面临内部水网绿地缺少系统性梳理的问题。

3.4.3 规划思路

结合总体规划要求、相关趋势以及现状研究，明确目标定位。从生态、功能、交通三大层面出发，提出策略，继而合理指导市政设施、开发管控、城市四线等具体内容的编制，实现城市设计成果与法定的控规成果的结合。

3.4.4 主要内容要点

1. 目标及指标体系

在承接总体规划要求、相关趋势研究的基础上，控规明确"科创新城区"的规划目标，提出了四大分目标：打造"蓝绿交织"的本底、彰显"水乡风光"的特色、提升"科创引领"的活力、塑造"幸福宜居"的生活（图3.33），制定了

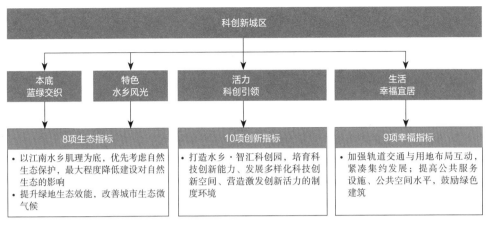

图3.33　规划目标

"8项生态指标+10项创新指标+9项幸福指标"的核心指标。

2. 规划布局

（1）总体用地：规划人口规模3.3万人，规划总用地10.63km^2，城市建设用地4.28km^2，人均建设用地129.69m^2（图3.34）。

（2）规划结构：第一，强调生态渗透。面向生态园，柔化城市界面，采用"功能组团+生态廊道"的模式，强化绿地和用地相互渗透，打造生态和城市有机融合的区域。第二，强调轨交导向。以轨道交通为导向，结合轨交线的三个轨交站点，将高强度开发与复合利用相结合。第三，强调特色区域。采用大疏大密空间结构，划分为两个特色区域：一是城市集中建设区域，也是创新核心；二是生态保育区，体现水乡风光，是城河绿相互渗透的区域。

综合形成"一核两心，三轴四区"的规划结构（图3.35）。

"一核"：综合创新服务核心；

"两心"：生活服务核、产业服务核；

"三轴"：花苑路发展轴、俱巷路商务轴、振新路科创轴；

"四区"：南部宜居片区、中部商务片区、北部科创片区、生态湿地片区。

3. 绿地生态系统规划

基地位于区域蓝绿生态廊道的十字交汇处，生态区位敏感，内部水网密布，

图3.34　D城区控制性详细规划土地使用规划图

图例：

二类居住用地
幼儿园用地
商住用地
文化设施用地
小学用地
初中用地
医院用地
卫生防疫用地
社会福利用地
体育用地
商业用地
商务用地
加油加气站用地
一类工业用地
生产研发用地
道路用地
公共交通场站用地
社会停车场用地
供水用地
供电用地
排水用地
环卫用地
消防用地
公园绿地
防护绿地
水域
农林用地
村庄建设用地
轨交线及站点
规划范围

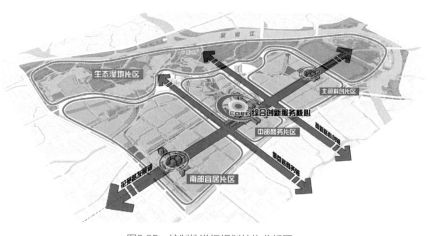

图3.35　控制性详细规划结构分析图

保留了传统江南水乡基底，但生态保护与修复需求迫切，水污染、水乡肌理弱化等问题突出。

（1）理水策略：修复安全与健康的水系统

基地现状"江、河、湖、塘、渠、田"六大水体要素丰富（图3.36），通过雨洪安全分析，模拟自然状态下的各类径流，识别出5年、10年、20年一遇的洪水淹没区域（图3.37）。项目进一步优化了现状水系结构，提出塑造"湖泽连片、河渠连网"的水网格局，规划水域面积226.04hm^2，水面率为21%（图3.38）。

方案进一步营造生态为主，兼具供给、调节和休闲为一体的多功能水景观（图3.39）。打造具有弹性的雨洪管理系统，基于雨洪调蓄系统和雨洪管理模式，规划设计片区"绿色海绵"（图3.40）。

（2）融绿策略：建设生态与人文融合的绿色开放空间

塑绿：依托滨江生态绿地与滨河绿带，形成完善、连续的休闲绿链。

1）四种绿地休闲主题：依托滨江生态绿地与滨河绿带，构建生态自然型、历史文化型、现代休闲型、绿色宜居型四种绿地休闲主题（图3.41）。

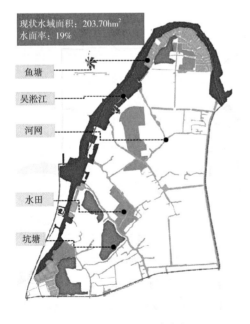

图3.36 现状水体要素分布图

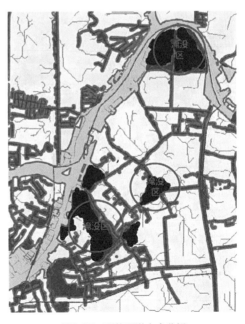

图3.37 现状雨洪安全分析

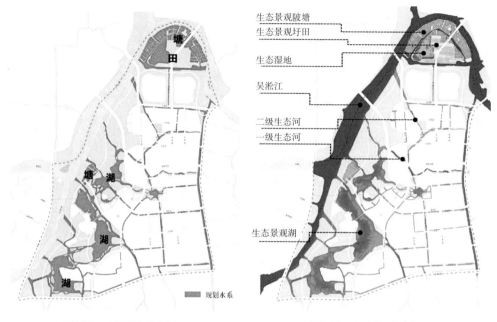

塘田

塘湖

湖

湖

规划水系

图3.38 水系结构优化图

生态景观陂塘
生态景观圩田

生态湿地

吴淞江

二级生态河

一级生态河

生态景观湖

图3.39 水系类型规划图

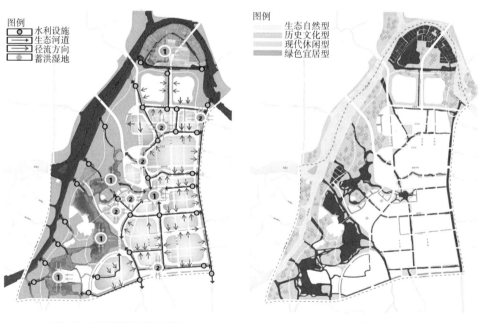

图例
水利设施
生态河道
径流方向
蓄洪湿地

图3.40 雨洪管理系统规划图

图例
生态自然型
历史文化型
现代休闲型
绿色宜居型

图3.41 绿地主题规划图

2）景观绿链：整合三个生态游憩公园、三个主题公园、八条滨水景观带，形成完善、连续的休闲绿链（图3.42）。绿道串城，构建20km景观绿道，对外连接吴淞江城市绿道，构建完善、连续的慢行系统（图3.43）。

4. 道路交通系统规划

沿城市道路蔓延均质的发展，长距离钟摆式交通易造成交通道路拥挤不畅。提倡沿轨交站点组团紧凑发展，鼓励产城结合、公交出行，提高道路交通的通行率。

（1）沿轨交站点组团紧凑发展，鼓励产城结合、公交出行，提高道路交通的通行率。

1）轨交层面：轨交线贯穿基地，串联高铁站、主城区、高新区，是基地最快捷的对外交通通道。控规以轨道交通为导向，对站点周边进行高强度复合开发（图3.44）。结合轨交站点，规划3处小街区，打造150~250m的小街区密路网，提升交通微循环（图3.45）。

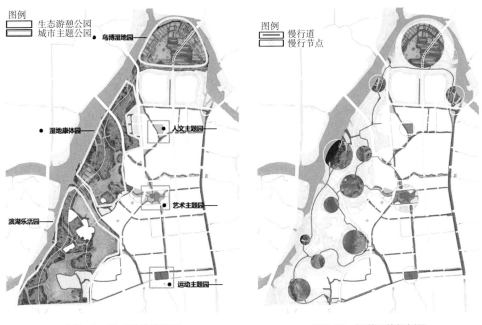

图3.42　景观系统规划图　　　　图3.43　绿道系统规划图

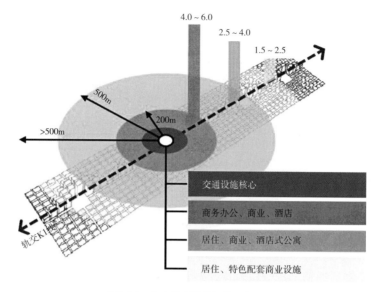

图3.44　轨交站点沿线开发示意图

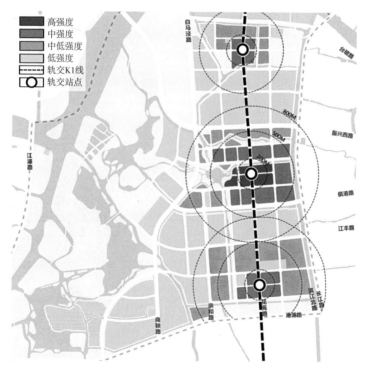

图3.45　轨交站点沿线开发强度规划图

2）快速公交（BRT）层面：由于轨交线暂时不能实施，先采用BRT解决快速公共交通。具体为：沿花苑路、振新路、港浦路规划快速公交，后期花苑路BRT站点与轨交站点结合，实现轨交与公交的零距离换乘。

3）常规公交层面：主要道路设置公交站点，实现公共交通全覆盖，方便市民出行。

（2）构建两纵四横的骨架路网，疏解过境交通，实现与上海、苏州、昆山的便捷联系（图3.46）。

主要措施：新增3个跨江通道，通道间距由现状的5.1km降低为1.3km，提升基地至高铁站和中心城区的便捷性；道路密度从现状的1.92km/km²提升至6.48km/km²；规划3处社会停车场，总计1.12hm²，结合商业中心、商务区、教育设施布置（图3.47）。

规划后，规划道路面积为104.52hm²，道路密度为6.48km/km²（图3.48），实现城市道路等级扁平化，分为城市干道（30～50m）（图3.49）、街区道路（9～24m）（图3.50）两类。

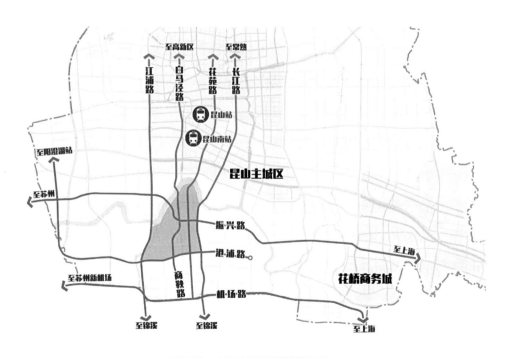

图3.46　主要对外交通道路联系图

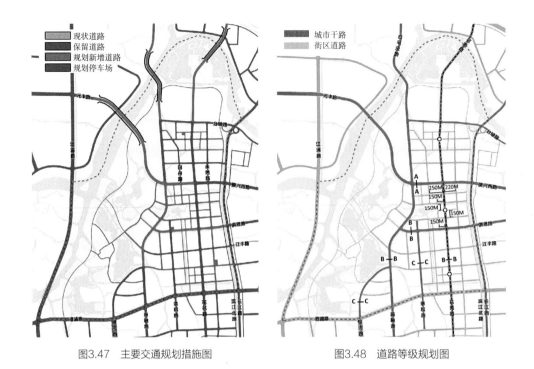

图3.47　主要交通规划措施图

图3.48　道路等级规划图

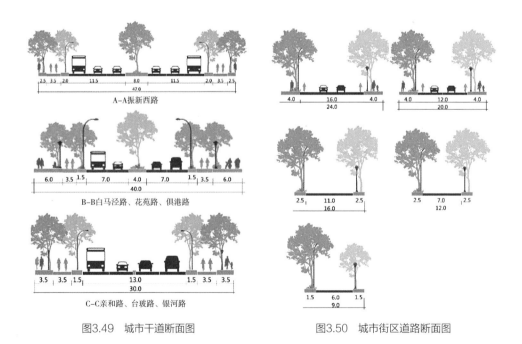

图3.49　城市干道断面图

图3.50　城市街区道路断面图

5. 功能布局规划

（1）科创优先，产城融合。

为进一步落实总规提出的商务服务、精密机械制造两大功能（总规确定亲和路沿线商务集聚区为6个商务聚集区之一，张浦精密机械产业园为全市15个先进制造业基地之一），并承接周边产业外溢，延续精密机械等产业优势，本控规方案提出构建"一主两副"的功能布局（图3.51）。

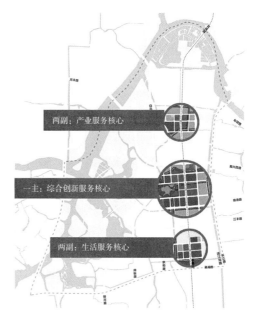

图3.51　功能布局规划图

1）"一主"，即"综合创新服务核心"。在城市层面，作为D市南部副中心，建设包括商业综合体、休闲娱乐设施等综合商业服务功能；在基地层面，实现产研一体化，提高科创成果转化和创新配套服务的商业服务设施。

2）"两副"，即"产业服务核""生活服务核"。为产研孵化形成的专业产业园提供"创新创业服务区"，涵盖生活服务中心（理发店、干洗店、便利店、银行、医务室、餐饮食堂等）、个性化服务设施（音乐教室、木工间、咖啡会议室、24小时运动场等）；吸纳产业工程师等人才形成"生活服务核心"，涵盖基本公共设施（幼儿园、小学、中学、菜场、诊所、银行、社区中心等）、定向服务设施（亲子乐园、书吧、餐饮食堂、教育培训、创业公寓等）。

（2）构建"五分钟"美好生活圈，完善配套服务设施。

居住区规划：依据2018年12月1日实施的《城市居住区规划设计标准》，共规划3个五分钟生活圈居住区，合理配置小学、初中、运动场地、菜市场、社区服务站、社区食堂、文化活动站、小型多功能运动场地、室外综合健身场地、幼儿园、老年人日间照料中心、社区卫生服务站等。

公共管理与公共服务设施规划：规划公共管理与公共服务用地18.97hm²，占城市建设用地的4.43%。其中，卫生设施层面，新规划国际医院1处，共计4.11hm²；文体设施层面，新规划1处市民文化中心与文体中心，2处体育场馆，共计13.00hm²。

普教设施规划：依据《城市居住区规划设计标准》，按十五分钟生活圈居住区、十分钟生活圈居住区、五分钟生活圈居住区标准，配置普教设施。规划教育用地面积为12.36hm²，占城市建设用地的2.89%，人均3.75m²。其中高中1所（新建），初中1所（新建，服务半径1000m），小学1所（新建，服务半径500m），幼儿园3所（1所为现状，2所为新建，服务半径300m）。

其他民生设施规划：依据《城市居住区规划设计标准》，按十分钟生活圈居住区、五分钟生活圈居住区标准，合理配置基层民生设施，包括派出所（1处）、街道办事处（1处）、社区服务中心（1处）、社区卫生服务中心（1处）、中型多功能运动场地（1处）、菜市场（1处）、中型超市（1处）、物流转运站（1处）、社区服务站（1处）、社区卫生站（1处）、小型多功能运动场地（2处）、便利店（1处）、物流配送点（1处）、老年日间照料中心（3处）。

6. 市政基础设施规划

控规方案对七项市政设施进行综合布局，包括给水工程、污水工程、雨水工程、供电工程、通信工程、燃气工程、供热工程（图3.52～图3.54）。

7. 城市四线

划定城市红线、城市绿线、城市蓝线、城市黄线（图3.55～图3.59）。城市红线，确定各道路宽度、路缘石转弯半径。城市绿线，划定绿地共计55.07hm²，其中公园绿地50.86hm²，防护绿地4.21hm²。城市蓝线，确定各河流的河口宽度、两侧控制宽度，规划水域面积224.96hm²，水面率21%。城市黄线，确定电力设施、燃气设施、环卫设施、交通设施、消防设施的位置、用地面积等。

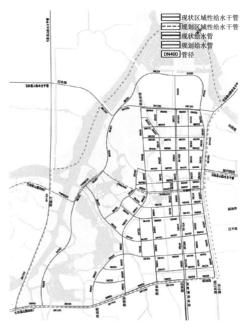

图3.52 给水工程规划图

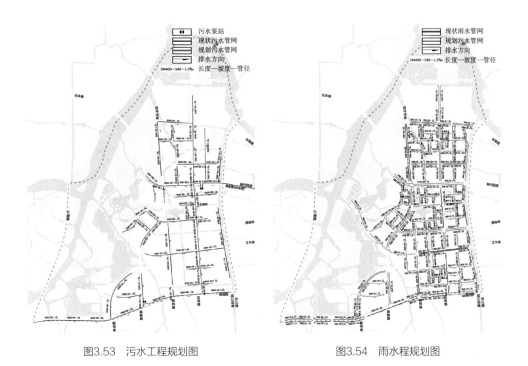

図3.53 污水工程规划图　　　　　　　図3.54 雨水程规划图

	编制单元	基本控制单元	地块图则
规模划分	某编制单元	旧区：20～30hm² 新区：60～100hm²	2～4hm²
控制内容	• 功能定位 • 常住人口规模 • 公共管理与公共服务设施 • 公用设施 • 基本开发强度等	• 主导属性 • 开发规模 • 综合交通 • 配套设施 • 城市设计引导	• 城市四线 • 公共管理与公共服务设施 • 基本指标：容积率、建筑密度、建筑高度、绿地率
成果示意			

图3.55　分层编制控规图则示意图

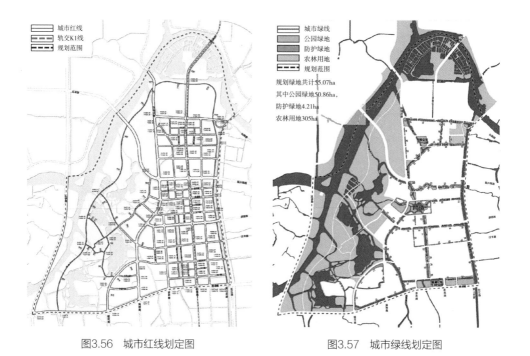

图3.56　城市红线划定图

图3.57　城市绿线划定图

图3.58　城市蓝线划定图

图3.59　城市黄线划定图

3.4.5　技术要点小结

根据规划区域的目标定位、规模、功能、生态、交通等要求，合理确定公共服务设施、市政设施等要素的具体内容、建筑规模、用地规模、布局定位及其规定。

3.5　E地区修建性详细规划

3.5.1　项目概况

（1）区位：该县中心城区控制性详细规划将中心城区划分为三大功能片区，基地位于中央的城中综合区，以居住及服务配套功能为主。

（2）规划范围：基地北至新民西路，南至富康西路，西至秦直路和环城西路，东至西华北街，总用地面积22.75hm²，净用地面积为17.05hm²（图3.60）。

图3.60　规划范围图

3.5.2 现状分析

现状用地：基地现状建设用地由居住用地、商业服务设施用地、行政办公用地、工业用地及其他服务设施用地构成，其余为果园、耕地、林地和少量闲置地等非建设用地（图3.61、图3.62）。

规划设计条件：

依据《E县中心城区控制性详细规划》中该地块的开发控制指标以及该县住房和城乡建设局的建设要求，规划设计条件如下（图3.63、图3.64）：

居住用地容积率≤2.5，规划新建住宅约2400套；商业用地容积率≤2.5。

居住用地建筑密度≤30%，商业用地建筑密度≤50%。

居住用地绿地率≥30%，商业用地绿地率≥20%。

日照执行标准：住宅执行大寒日3小时日照标准；幼儿园执行冬至日3小时日照标准；照料中心执行冬至日2小时日照标准。其中旧区改建项目标准：根据《城市居住区规划设计标准》（GB50180—2018）第4.0.9条规定：旧区改建的项目内新建住宅日照标准可酌情降低，但不应低于大寒日日照1小时的标准。

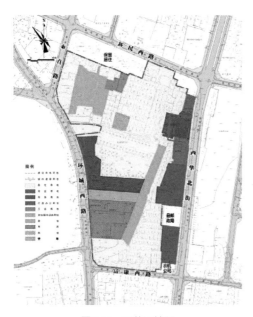

图3.61 现状用地图

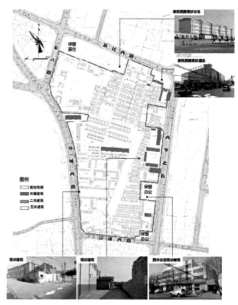

图3.62 现状建筑质量图

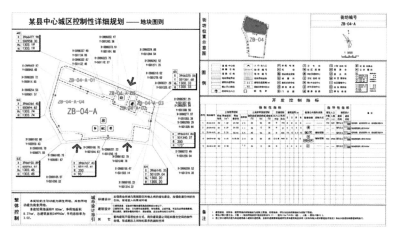

图3.63　规划地块图则（北侧）

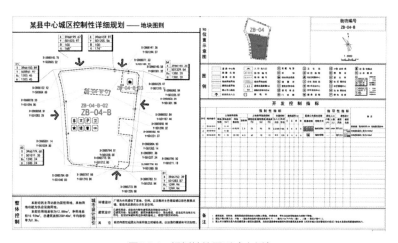

图3.64　规划地块图则（南侧）

建筑退界：根据要求后退西华北街、环城西路道路红线多层8m、高层10m，后退阳光路、富康西路道路红线多层6m、高层8m。

住宅建筑间距：多层住宅间距≥18m，高层住宅间距≥30m。

建筑风格：现代建筑风格。

建筑色彩：采用米色，局部以咖啡色、褐色作点缀，与黄土高原的风土环境相协调。

3.5.3 规划思路

1. 项目定位

本项目为该县旧城与棚户区改造的起步区，以安置旧城与棚户区的拆迁居民为主，其改造建设目的是完善城市基础设施与公共服务设施，提升人居环境品质，项目定位为生态环境优越的高品质现代居住社区。新建社区的居住质量、住宅户型、室外空间环境以及建筑形象既能满足现代生活方式和生态人居环境的要求，又能顺应黄土高原地区地方传统居住习惯和体现地域文化特色。

2. 用地布局规划

按照用地条件、上位规划要求和用地性质分类等依据，分为居住用地、商业用地和道路用地三类（图3.65、图3.66）。幼儿园和照料中心沿新民西路布局，防止因为幼儿的接送而导致西华北街的交通拥堵，又使幼儿园和照料中心与社区结合更紧密，更加安静。综合超市沿商业最繁华的西华北街布局，有利于商业人流的聚集和疏散。

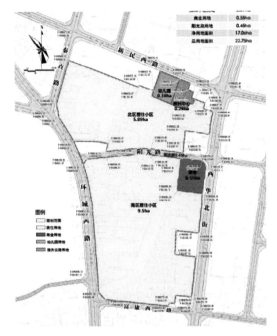

图3.65 用地规划图

图3.66 规划方案总平面图

3. 居住小区

规划理念：

（1）创造以人为本的绿化空间环境，采用园林式环境绿化手法，优化庭院空间环境，把握宜人尺度，实现小区绿化环境的均好性和亲和性。

（2）构建通而不畅的交通体系，各组群内部交通非常便利，保证车辆能够到达住宅入口。

（3）创造完善现代化生活设施，构建环境清晰优美、温馨祥和、结构清晰、独具个性、富于时代气息的居住小区。

北居住小区：由15栋高层住宅构成，住宅建筑均建设1层地下室，顺应地块形状和城市道路行列式布局。2层配套商业建筑沿秦直路、阳光路和西华北街布置。小区设2个出入口，主次入口位于阳光路，方便小区内部交通管理。在居住区入口处设置地下停车出入口，禁止车辆在小区内部长久停留，小区全部为地下停车。小区中心绿地布置于地块的中心，每栋楼周边都设置有活动场所。

南居住小区：由26栋高层住宅构成，并且保留1栋现状建筑，住宅建筑均建1层地下室，顺应地块形状和城市道路形成行列式布局。2层配套商业建筑沿阳光路、富康西路和西华北街布置。小区设5个出入口，主入口位于环城西路，次入口分别位于阳光路、富康西路、西华北街。小区内部布置一条贯穿整个地块的道路，并且在小区入口处设置地下停车出入口，形成人车分行的交通方式，小区全部为地下停车。小区中心绿地结合主要步行道路，呈环形布置于小区中部，南北向贯穿整个小区，组团绿地沿环路布置。

本次规划共居住2808户（包含60户现状居民），其中北居住小区926户，南居住小区1882户（包含60户现状居民）。住宅区入住人群为拆迁安置居民。

4. 综合超市

综合超市为城市商业设施，位于西华北街与阳光路交叉口西南角，位置优越，为E县人流量集中区域，环境优美，道路畅通。建筑风格现代稳重并与住宅建筑造型相配合。综合超市以购物功能为主，为全县居民提供生活基本需求，用地面积为0.55hm²，设置2个车行出入口，分别位于地块的东南角和西北角。规划地上建筑6层，建筑基底面积为2876.9m²，地上总建筑面积为17261.4m²，容积率为3.15；地下建筑1层，面积为4100.2m^2。

5. 幼儿园

幼儿园是居住小区的配套服务设施，位于北住宅小区东北侧，紧邻新民西路。用地面积0.38hm^2，主体建筑为3层，规模为12个班。主出入口位于新民西路，既不受居住小区生活影响又方便家长接送。在规划设计过程中，要满足幼儿生理、心理及行为特征的要求，营造安全、舒适、卫生的学习环境，与周围建筑风格统一和协调，并且能反映"新、奇、趣、美"的幼教建筑风格。

6. 照料中心和社区中心

社区照料中心是指为社区内生活不能完全自理、日常生活需要一定照料的老年人提供膳食供应、个人照顾、保健康复、休闲娱乐等日间托养服务的设施，是一种适合半失能老年人的"白天托管接受照顾和参与活动，晚上回家享受家庭生活"的居家养老新模式。

社区中心能满足内部人员的活动交流等，丰富社区居民生活休闲的同时，也能够促进人际关系，从而改善生活环境，减少生活矛盾。

照料中心和社区中心位于北住宅小区东北侧，用地面积0.29hm^2，主体建筑为3层。主出入口位于新民西路，方便家属接送。营造环境安静、清洁卫生、温馨和谐的活动氛围。

规划综合技术经济指标见表3.2。

规划综合技术经济指标 表3.2

分项内容	计量单位	数据
规划总用地	m^2	170584.58
城市道路用地	m^2	4477.6
项目建设用地	m^2	166106.98
居住户数	户	2808（含现状60户）
居住人口	人	8986
户均人口	人	3.2
规划总建筑面积	m^2	502100.47

分项内容		计量单位	数据
地上总建筑面积		m²	360824.50
其中	新建住宅建筑面积	m²	302133.03
	配套公建建筑面积	m²	29823.82
	水箱间	m²	70
	照料中心建筑面积	m²	863.97
	幼儿园建筑面积	m²	3420.08
	综合超市建筑面积	m²	17261.4
	保留建筑建筑面积	m²	7252.20
	地下总建筑面积	m²	141275.97
	建筑基底面积	m²	34091.04
	容积率	—	2.17
	建筑密度	%	20.52
	绿地率	%	37.58
	停车位	辆	3194
	地上停车位	辆	33
	地下停车位	辆	3161（231个立体）

3.5.4 主要内容要点

1. 公共服务设施规划

南北居住小区公共服务设施类别包括教育、照料中心、医疗卫生、文化体育、社区服务、市政公用、商业等（图3.67）。具体项目为卫生站、室内健身活动场地、室外健身活动场地、服务中心、文化活动站、社区服务中心、物业管理、居委会、照料中心、商业服务、综合超市、垃圾收集站、变电室、配电室等。小区配套商业设施沿街设置。幼儿园、照料中心位于北居住小区，沿新民西路布置。室外健身活动场地按0.3m²/人标准配置，在北居住小区布置1处、南居住小区布置2处；室内健身活动场地按0.1m²/人标准配置，位于南区中心。其他配套服务设施在阳光路南侧沿街布置，方便南北两个小区居民的共同使用。垃圾收集站为3栋住宅配置1处。

2. 道路交通规划（图3.68）

（1）出入口设置

综合超市在阳光路和西华北街分别设置1个车行出入口。

幼儿园与照料中心分别在新民西路设置1个出入口。

北区住宅共有3个主要出入口，其中2个设在阳光路上，1个设在新民西路。地下停车场出入口结合小区入口设置，方便车辆出入。

南区住宅共有5个出入口，在阳光路、环城西路、西华北街、富康西路都设置出入口，方便人进去以及满足消防出入要求，也将地下停车场出入口结合小区入口设置，方便车辆出入。

（2）道路系统规划

北居住区和南居住小区采用人车分行系统。小区内道路分为小区级道路、宅间路、消防通道3种类型，其道路断面形式均为一块板。小区级道路主要承担小

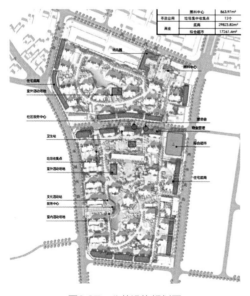

图3.67　公共设施规划图

图3.68　道路交通系统规划图

区组群内部之间的交通联系并与小区主入口相接，组团路与小区路相互联系，相交处设置车辆减速带，加强小区内半私密空间与外部公共空间的区分，并使进入宅间的车辆减速。小区级道路路面宽度7m，宅间路与消防通道路面宽度均为4m。与消防通道相关的道路交叉口转弯半径为12m、净高4m，与搬家、救护、垃圾收集等特殊车辆通行相关的道路交叉口转弯半径为9m，尽端路均设置12m×12m的回车场地。

综合超市两侧均设置独立的车行道路，与阳光路、西华北街共同形成环形交通体系，路面宽度为7m，主要为货运、消防及地下停车通道。综合超市的步行出入口主要集中在阳光路与西华北街，与新建住宅之间预留通道即可满足消防车的通行要求。

幼儿园和照料中心之间设置一条道路将新民西路与阳光路相连接，对外交通联系较为便捷，并满足消防规范。

（3）步行道系统规划

南北2个居住小区内沿富康西路、环城西路、秦直路、阳光路两侧均形成连续的步行通道，沿街人行空间和内部步行道路共同组成步行交通系统。住区内部步行主轴线集中分布在南居住小区，采用南北轴线的步行交通体系串联起不同组群之间的交通空间，尽量采用人车分流以及景观处理的手法彰显特色，丰富居民的空间感受与视线变化。良好的步行交通系统能够促使沿街商业活动活跃，同时也给居民提供一个宜人舒适的出行环境，有利于营造一个有序、和谐、安全、高效的居住环境。

（4）停车场地规划

地面停车位大小为2.5m×5m，地下车库距离道路红线、用地边界最小距离为5m。居住小区停车位配置标准为1辆/户。公建停车位配置0.8辆/100m²。北居住区总户数为926户，配套用房面积10462.74m²，规划停车位999个，其中地上停车位12个，地下停车位987个。南居住小区总户数为1882户（含现状60户），配套用房面积19361.08m²，规划地下停车位2036个（201个机械立体车位）。地下停车充电桩，按总车位的12%配置。综合超市停车位配置标准为0.8辆/100m²。综合超市地上建筑面积为17261.4m²，规划地下停车位138个（30个机械立体车位）。照料中心和幼儿园规划地面停车位21个，主要满足单位内部停车和外来人员临时停车需要。

3. 绿地景观规划（图3.69）

小区绿地采用点线面相结合的手法，形成小区中心绿地、组团绿地、宅间绿地三级绿地系统，为居民提供均好性绿地景观空间。

（1）中心绿地

居住小区共有两处中心绿地，既是小区的"客厅"，也是小区特色形成与空间构成的重要组成部分。北居住小区中心绿地位于地块中心，连接环道至中心水域，形成北小区的中心轴线。南居住小区共有一处带状中心绿地，位于小区中部，结合步行道路和人工水系贯穿南北。中心绿地处布置室外活动场地、娱

图例
- ←→ 景观主轴线
- ←→ 景观次轴线
- 景观串联线
- 核心景观
- 组团景观

图3.69　景观系统规划图

乐设施，以及水景、喷泉、凉亭、架空柱廊、休息设施、艺术雕塑等建筑小品，并以此为核心向外渗透，使周边绿地自然地延伸到建筑底层，使建筑、绿化、娱乐设施与居民的活动行为有机地结合在一起，形成小区居民最适宜的娱乐、休息和交往场所。

（2）组团绿地

北居住小区两个组团内各自有组团绿地，南居住小区组团绿地沿环形道路布置，适宜每个组团内居民使用。另外，小区组团绿地对外部环境的影响至关重要，组团绿地受中心绿地的渗透影响，同时又深入宅间绿地，把不同等级的绿地结合在一起，形成统一的绿化有机整体。

（3）宅间绿地

宅间绿地就是住宅与住宅间的庭院绿地，宅间绿地要以绿化种植为主，适当布置休息座椅和供安静休憩的场地。不同宅间绿地的形式，增加了庭院空间的识别性。

4. 市政基础设施规划（图3.70）

图3.70　给水工程规划图

5. 污水工程规划（图3.71）

图3.71　污水工程规划图

6. 雨水工程规划（图3.72）

图3.72　雨水工程规划图

7. 电力工程规划（图3.73）

图3.73　电力工程规划图

8. 电信工程规划（图3.74）

9. 供热工程规划（图3.75）

图3.74　电信工程规划图

图3.75　供热工程规划图

10. 燃气工程规划（图3.76）

11. 环卫设施规划（图3.77）

图3.76　燃气工程规划图

图3.77　环卫设施规划图

12. 消防工程规划（图3.78）

13. 管线综合规划（图3.79）

图3.78　消防工程规划图

图3.79　管线综合规划图

3.5.5　技术要点小结

增加社区的组团感，通过小区中央形成组团开敞空间，创造以人为本的绿化空间环境，采用园林式环境绿化手法，实现小区绿化环境的均好性和亲和性。

3.6　F村庄品质提升规划

3.6.1　项目概况

该项目位于北方某市，邻近中心城区，村民836人，300户，村域面积2600亩，村庄现状建成区约400亩。随着城镇化发展和重大基础设施的建设,村庄区位条件显著提升,本地企业结合产业特点,采取政府主导、企业支撑的方式共同推动该地区乡村振兴。

3.6.2　现状分析

该村庄土地资源较多,有耕地近2000亩,多为基本农田,山丘多,绿色植被茂密,空气自然清新。村内水系较多,有多处汪塘和贯穿南北的一条河沟。

3.6.3　规划思路

十九大提出"乡村振兴"战略,提出了实施乡村振兴战略的实施意见和"产业兴旺、生态宜居、乡风文明、治理有效、生活富裕"的总体要求,坚持农业农村优先发展,为三农工作的开展提供了指导性意见。提出大力建设"农业产业园"+"田园综合体",综合化发展产业和跨越化利用农村资产,是当前乡村发展代表创新突破的思维模式。龙头企业不仅是新型农业经营主体中的"精锐部队",也是加快转变农业发展方式、推进农业绿色发展的"开路先锋"。

本次品质提升采用政府牵头、企业推动的模式建设,确定村庄规划发展主题为:××庄园,美好生活创新服务目的地。

结合企业优势资源,以小猪为主题,创建IP形象,树立田园村居、幸福生活代言人,既突出企业文化,又充分带动村庄整体产业发展,形成本次乡村振兴规划的思路框架。

3.6.4　主要内容要点

(1)规划布局

第一,尊重生态基底,整理渗透水系,打破整体方格路网格局,增加空间灵动性。第二,塑造特色空间。沿振兴路和水系建设错落有致的建筑空间,打造十字形城市景观轴,提升村庄整体景观形象。第三,明确规划主题。引入小猪乐园作为乡村振兴的引爆点,打造核心IP,集聚人气,成为未来网红打卡地。第四,建立慢行系统。建设3.4km慢行道、自行车道，有利于旅游人群康体锻炼（图3.80）。

综合形成"一街一廊、一环双园"的规划结构（图3.81）。

"一街"：步行商业街，营造宜人尺度的商业步行空间；

"一廊"：活力水廊，人和景观交融的亲水廊道；

图3.80　规划方案总平面图

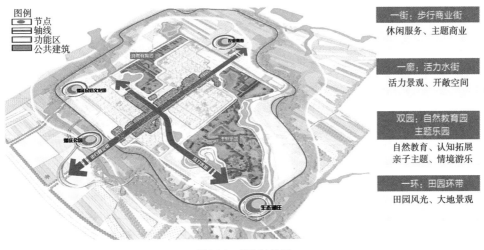

图3.81　规划结构图

"一环"：慢行步道与自行车道复合的田园环带慢行体系；

"双园"：自然教育园、小猪主题乐园。

（2）生态修复

现状排水渠线形平直，驳岸硬化，缺乏亲水空间；河道水体闭塞，富营养化（图3.82）。

规划恢复河道自然驳岸，由直变弯，增加空间变化；局部开挖河道，集中水面，打造昆虫认知园；建筑与滨水相互协调，进退有致。中央滨水景观带北至北环路，南到南环路，全长420m，总面积约3hm²，其中水体面积约0.9hm²。中央滨水景观工程包含水体修复与景观、滨水昆虫园、小猪雕塑公园三部分内容。结合两侧功能形成了雕塑公园段、商业休闲段和昆虫公园段三个主题景观段（图3.83）。

图3.82　排水渠现状照片

图3.83　滨水景观带规划平面图

（3）重视步行

现状道路人车混行，局部路网过密，规划取消5条现状道路，新增5条规划道路。

采用人车分流的形式，规划道路系统为"一环+十字路网"（图3.84）。

"一环"为北环路、南环路、东环路、西环路形成的闭合环路。"十字"为富民路、平安大街形成的车行主干路网。振兴路作为纯步行道路，禁止机动车通行。其余村庄道路为人车混行道路。

规划2个地面集中停车场，沿环路规划停车位满足停车需求（图3.85）。

（4）尺度宜人

控制街道尺度，营造合理宜人的街道空间（图3.86）。

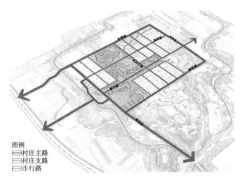

图例
村庄主路
村庄支路
步行路

图3.84 道路系统规划图

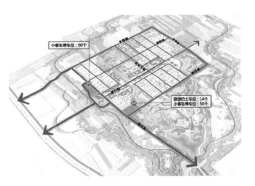

图3.85 停车系统规划图

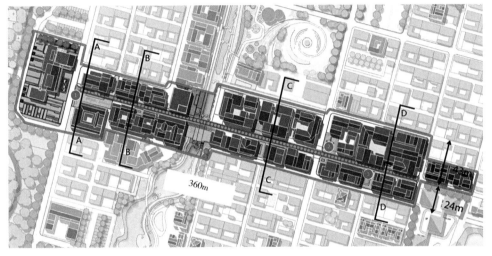

图3.86 振兴路平面图

1）增加开敞空间。振兴路两侧进退有致，屋顶变化丰富，沿街建设4处开敞空间，丰富街道空间，增加趣味性。

2）打造门户节点。增加空间层次变化；振兴路两侧进退有致，屋顶变化丰富（图3.87、图3.88）。

3）调整街道高宽比。原街道高宽比在1.8：1到1：2之间，街道两侧以居民院墙、院门为主，整个街道较为封闭。规划后街道高宽比在1.5：1到1：1之间，街道两侧以商业与广场为主，街道较为开放。

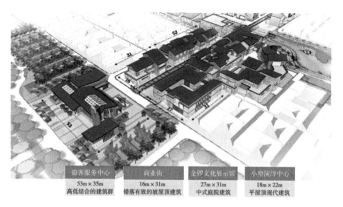

<table>
<tr><td>游客服务中心</td><td>商业街</td><td>金锣文化展示馆</td><td>小型演绎中心</td></tr>
<tr><td>53m×35m</td><td>16m×31m</td><td>27m×31m</td><td>18m×22m</td></tr>
<tr><td>高低结合的建筑群</td><td>错落有致的坡屋顶建筑</td><td>中式庭院建筑</td><td>平屋顶现代建筑</td></tr>
</table>

图3.87 门户节点方案透视图

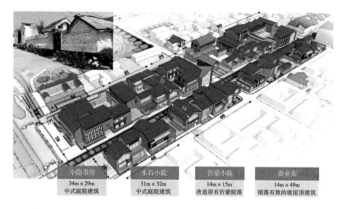

<table>
<tr><td>小隐书房</td><td>水石小院</td><td>沂蒙小院</td><td>商业街</td></tr>
<tr><td>34m×29m</td><td>31m×32m</td><td>14m×15m</td><td>14m×49m</td></tr>
<tr><td>中式庭院建筑</td><td>中式庭院建筑</td><td>改造原有沂蒙院落</td><td>错落有致的坡屋顶建筑</td></tr>
</table>

图3.88 规划商业街透视图

（5）功能复合

从各年龄的需求出发，结合实际游玩的吃、住、游、购、娱需求，紧扣规划主题，依托重要节点打造功能完备的服务设施以及参与度高的体验项目。

1）自然探索主题

农耕智园：通过传统农耕知识解说和农具使用展示，传达农耕智慧。

五谷学园：通过传统五谷种植和产品加工展示，传达自然知识。

农夫花圃：进行乡土野花展示与花卉科普教育，并开展私人花圃租赁。

耕读礼园：通过农耕文化相关诗词展示，并开展传统国学文化活动，传达耕读传家文化。

天体物理园：以天体物理知识为主题，通过体验、解说传达自然科学的奥秘。

昆虫认知园：以昆虫为主题，通过昆虫科普、展示与解说，形成一个昆虫教育主题园。

2）综合游乐主题

围绕小猪的核心主题打造15hm²沉浸式体验乐园，包括9个主题游乐园。

小猪茶园：以二十四节气为主题，选用本地食材和饮品的品茶坊。专业拓展园：多样化的儿童户外康体设施，户外运动场地。蔬菜大王国：以蔬菜认知为主题的丰收园。小猪运动园：以动物竞赛、小型动物乐园为主题，包括散养式亲近体验等（图3.89）。

（6）重要节点设计

节点1：服务中心

1）区位：处于沂田村西入口处，振兴路与西环路之间。

2）主要功能：游客服务中心、村委党建办公室、便民活动中心、文明实践中心及村史展示馆等功能（图3.90、图3.91）。

3）设计思路：

建筑布局根据地形呈L形布置，并保证各班级具有良好的日照与通风。建筑主体采用框架结构，连廊为钢结构。上铺木地板，室外墙面采用真石漆，部分采用彩色墙面涂料，以丰富立面效果。总用地面积约为3400m²，总建筑面积为2400m²，设有半地下停车场。

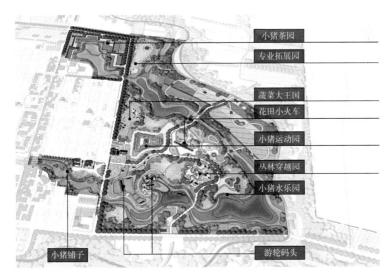

图3.89 综合游乐园

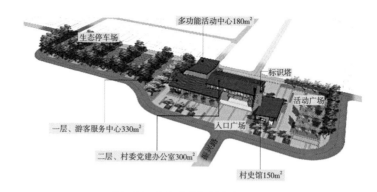

图3.90　服务中心规划方案透视图

图3.91　服务中心规划方案立面图

节点2：幼儿园

1）区位：处于振兴路与花山巷东南角。

2）主要功能：功能涵盖了晨检、厨房、办公、6个班的活动室与休息室，室外60m直跑道以及相应的儿童活动器械等。

3）设计思路：

建筑布局根据地形呈L形布置，并保证各班级具有良好的日照与通风。建筑主体采用框架结构，连廊为钢结构。上铺木地板，室外墙面采用真石漆，部分采用彩色墙面涂料，以丰富立面效果。总用地面积约为3400m²，总建筑面积为2400m²，设有半地下停车场。

节点3：培训学校

1）区位：处于西环路与南环路交叉口东北侧，原村委会处。

图3.92 培训学校规划方案透视图

2）主要功能：功能涵盖了培训课堂、100人会议室、办公室、阅览室等，主要用于培训职业技能与会议讲演（图3.92）。

3）设计思路：

建筑以合院形式展现，风格以现代中式为主。材质以小青砖为主，配有方木铝合金格栅与深褐色金属板，通过传统与现代材料以及手法的融合，营造出别具特色的建筑。会议室单独设在建筑组群的东侧，有独立开阔的前广场，满足大量人员的集中进出。整体为框架结构，立面采用青砖及仿木铝合金材质。总用地面积约为2800m²，总建筑面积为1010m²，东侧配有22个停车位。

3.6.5 技术要点小结

在乡村振兴的有形建设之前，要寻找到村民的文化认同点，包括物质文化遗产、非物质文化遗产等，结合当地风情习俗，在乡村建设中规划不同层次的文化设施加以传承。注入修复和激活乡村的文化功能，因地制宜地策划多样化的产业功能，延伸产业服务的上下游产业链。

3.7 G流域保护与开发利用专项规划

3.7.1 项目概况

G流域是由"山水林田湖城"多要素构成的生态系统，在全国享誉盛名。近年来，由于城市开发建设迅猛开展，导致生态环境保护面临压力。

G流域空间规划与全域统筹管理任务中，生态目标与流域生态战略地位十分明确，需要实行最严格的管控和治理。首要需明确在水质目标约束条件以及综合资源环境承载力下的合理生态容量，未来一切发展均应该以该容量为底线实行控制，甚至减量疏解，以达到生态环境优化改善的核心目标，实现更加健康的发展，并且依托自上而下的发展指示，以空间规划、全域控制为政策工具。

3.7.2 现状分析

从现状来看，G流域正面临保护与发展权衡的巨大压力。一方面，生态保护形势十分严峻，当前流域生态环境亟待整治。另一方面，开发建设需求不断膨胀。由于旅游发展、城镇开发等带动作用，井喷式的自发旅游发展现象明显，民宿连片、人口密集与低水平的污染收集处理能力不相适应。

从现行规划发展引导来看，流域内部仍然以发展主导的扩张式规划为主。现行城乡总体规划确定的用地规模扩张速度很快，拟开发居住用地与工业用地占据较高比重，居住与产业主导的人口增长或将进一步威胁流域生态环境，拟开发建设规模之大，实则面临失控风险。同时，规划实施管理存在诸多问题，流域涉及职能部门跨行政范围，层级多，职责复杂交错。

3.7.3 规划思路

本规划编制的最主要出发点，是从高定位、高视角对G流域进行规划，重视该流域在全省乃至全国范围内的重要示范作用。

规划思路主要包括四个出发点。

1. 国家战略高度下G流域的发展目标及空间战略

在更大区域范围内，从国家战略高度，在积极保护、适度开发的科学发展引导下，明确该流域发展定位，制定该流域发展的目标与战略。根据国家生态文明战略要求、全省新型城镇化发展的目标和要求以及该流域社会经济发展的要求，把握资源环境和城乡发展特点，合理确定某流域未来的发展定位，研究合理的发展规模，从更大的区域范围内、从更高的区域高度确定今后一段时间生态建设、城乡发展的目标与空间战略。

2. G流域的生态底线、生态容量问题，构建"山、水、林、田、湖"生态保护策略

尊重底线思维，响应中央"五位一体"总体布局与主体功能区规划理念，重视生态文明在地区建设发展中的重要地位，加强该流域的生态涵养功能，优化地区生态发展的空间载体，探索基于生态承载力的区域治理模式。未来应进一步加强规划统筹，体现生态文明建设思想，改善农村生态环境，扎实开展生态县（市）、生态乡镇、生态村等生态创建工作，走生产发展、生活富裕、生态良好的生态文明发展道路。

3. G流域生态保护与城镇化空间布局的有机结合问题

结合该流域城乡发展特点与要素空间分布特征，综合考虑该流域的生态移民要求、城镇村发展趋势、资源环境承载力等，综合评价各个城镇村的资源禀赋、产业基础、交通区位等，确定该流域城镇村空间结构和功能定位，明确城镇村风貌建设的要求，完善城乡建设用地布局。

4. G流域合理的产业体系问题，优化产业选择和产业布局

结合生态保护要求，根据现有产业基础和发展趋势等，构建以旅游为龙头的现代产业体系，加强产业门类控制，以负面清单的模式推进产业结构调整和产业转型升级，并对现有产业园区进行优化调整，重点发展生态农业、生态旅游，逐步实现零工业，其他地区依据具体情况重点推进工业转型提升和物流发展。

3.7.4　主要内容要点

1. 目标定位

规划以生态保护为根基，以地方文化及山水资源为特色，全力将该流域打造为国家大型湖泊流域生态保护与绿色发展的典范、湖泊水环境综合治理的典范。

2. 发展战略

（1）生态环境全面保护提升战略

实施以"水"为核心的管控，以"完善减排，强化增容，综合提质"为G流域生态环境保护总体策略。

"减排"指在重点区域新增湿地防线，提升入湖水质；"增容"指优先保障G流域主要湖泊、河流在较高水位运行，系统开展主要入湖河道综合整治与修复；"提质"指针对自然保护区、山体植被、生态环境敏感脆弱区实施更加严格的保护与系统修复，确定防治修复试点，注重原生植被、石漠化区域等系统修复。

（2）城镇村集约发展建设战略

规划采取有机集聚方式，在城镇村合理发展的基础上实现城乡建设用地"增减挂钩"，保障城镇建设用地集约高效，避免农村居民点粗放发展与过度分散。总体上落实"三减一增"，"三减"以缩减高污染高耗水产业用地、无序蔓延的居住用地、散村散点等村庄建设用地为主；"一增"以增加生态用地为主。

（3）城乡特色提升引导战略

强化市区和县城的专业化优势，支撑滇西中心城市建设；强化特色镇，疏解分散海西及中心城区旅游服务功能，完善基础设施及配套服务，重点加强对居住

用地、旅游服务用地的供应，形成鲜明的旅游特色形象，打造特色小镇。强化村庄特色引导，集中打造一定数量的特色村；特色村以外的一般村，积极推进农村人口城镇化，用地只减不增，完善基本公共服务体系与基础设施建设。

（4）全域旅游提升战略

以旅游城市、特色小镇和精品民宿村建设为实际抓手，推动旅游产业转型升级。积极打造集高原温泉水乡、滨湖观花休闲、康体运动养生、古城民俗文化等功能于一体的"国际知名的湖滨生态旅游度假目的地"，形成地方文化地标与实际旅游文化品牌，打造生态旅游、山地湖滨旅游与历史民宿文化旅游的典范。

（5）统筹管理机制创新战略

建立协同规划管理模式，明确落实空间控制线体系责任主体与参与单位。针对包括永久基本农田、生态保护红线、生态水质监测等在内的重要核心指标落实情况实施监测管控和指标考核。

进一步明确生态补偿机制，建设该流域数据信息平台，收集流域空间基础信息，确保流域空间规划信息化、动态监测得以运行。

3. 生态容量与发展规模

区域水资源承载力的承载体是区域水资源，即可供区域开发利用的各种形式、各种质地的水资源，其承载对象是区域所有与水相关联的人类活动和生态环境，包括生活、工农业生产、商业、娱乐景观及生态环境用水等方面。因此，区域水资源承载力主要由三方面因素决定：区域水资源赋存状况、区域水资源的开发利用能力及区域用水结构和用水水平。

运用Mathematica软件对确定各项参数后的上述模型进行求解，得出在各类边界条件下（流域各类可用水资源量、各类用水对象的用水功效系数、配水确保该流域生态用水优先等）的流域生态容量，并提出合理人口规模。

4. 高质量发展引导

（1）确立产业"负面清单"，优化工业发展格局（图3.93）

将高污染、高耗水、高耗能的矿冶建材与化工产业纳入某流域产业"负面清单"，具体包括水泥、造纸、电镀、铸造、平板玻璃、印染及化工为主导的七大行业，流域内禁止新建"负面清单"所涉及行业企业。

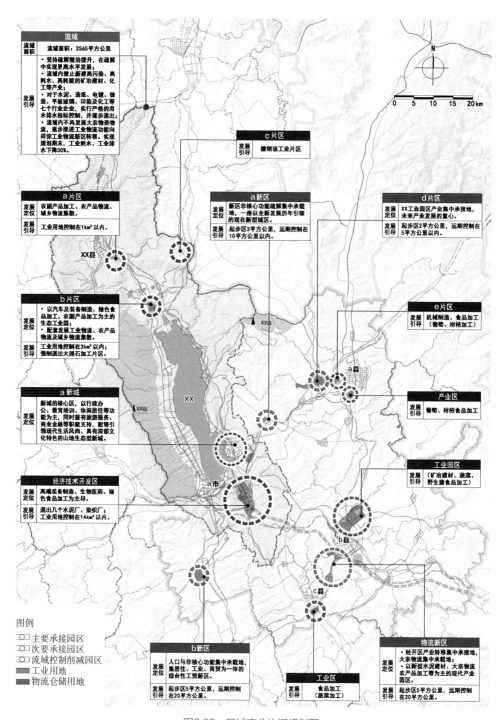

流域

流域面积	流域面积：2565平方公里
发展引导	· 坚持疏解整治提升中，在疏解中实现更高水平发展； · 流域内禁止新建高污染、高耗水、高耗能的矿冶建材、化工等产业； · 对于水泥、造纸、电镀、铸造、平板玻璃、印染及化工等七个行业企业，实行严格的用水排水指标控制，并逐步退出； · 流域内不再发展大宗物流，逐步推进工业物流功能向祥埌工业物流新区转移。实现规划期末，工业耗水、工业排水下降30%。

c片区

发展引导	撤销该工业片区

a片区

发展定位	农副产品加工、农产品物流、城乡物流集散。
发展引导	工业用地控制在1km²以内。

a新区

发展定位	新区非核心功能疏解集中承载地，一座以全新发展引领的现代新型城区。
发展引导	起步区3平方公里，远期控制在10平方公里以内。

d片区

发展定位	XX工业园区产业集中承接地，未来产业发展的重心。
发展引导	起步区2平方公里，远期控制在5平方公里以内。

b片区

发展定位	· 以汽车及装备制造、绿色食品加工、农副产品加工为主的生态工业园； · 配套发展工业物流、农产品物流及城乡物流集散。
发展引导	工业用地控制在3km²以内；强制退出大理石加工片区。

e片区

发展引导	机械制造、食品加工（葡萄、柑桔加工）

a新城

发展定位	新城的核心区，以行政办公、教育培训、休闲居住等功能为主，同时兼有旅游服务、商业金融等职能支持，能够引领现代生活风尚、具有浓郁文化特色的山地生态型新城。

产业区

发展引导	葡萄、柑桔食品加工

经济技术开发区

发展定位	高端装备制造、生物医药、绿色食品加工为主导。
发展引导	退出几个水泥厂、染织厂；工业用地控制在14km²以内。

工业园区

发展引导	矿冶建材、蔬菜、野生菌食品加工

b新区

发展定位	人口与非核心功能集中承载地，集居住、工业、商贸为一体的综合性工贸新区。
发展引导	起步区5平方公里，远期控制在20平方公里。

工业区

发展引导	食品加工（蔬菜加工）

物流新区

发展定位	· 经开区产业转移集中承接地，大宗物流集中承载地； · 以新型水泥建材、大宗物流农产品加工等为主的现代产业园区。
发展引导	起步区5平方公里，远期控制在20平方公里。

图例
- 主要承接园区
- 次要承接园区
- 流域控制削减园区
- 工业用地
- 物流仓储用地

图3.93 区域产业协调规划图

（2）明确制定节水型、节能型企业评价标准，全面推进工业节水减排与能耗降低

对企业实施创新管理，制定节水型、节能型企业评价标准及取水定额标准。规划期内全面完善节水政策机制。

近期针对影响流域生态环境的高污染、高耗能、高耗水以及空间布局分散的未入园企业，大力推动其提升改造，全面升级污水设施配建水平及处理标准、取水定额标准及产业耗能标准。远期适时搬迁。

（3）全面疏解非核心功能，整治提升大理中心城区现状工业

规划引导某流域积极疏解大宗物流等多项占地大、经济效率低的非核心功能与产业门类，推动产业发展转型提质。

（4）创新组织管理模式，在城镇集群发展区（发展翼）内实现产业协调布局

规划引导新区提高产业质量和公共服务水平，增强对人口的吸引力和承载力，确保流域城市非核心功能与产业有效疏解。

5. 三类空间划定

（1）生态保护区（图3.94）

生态空间指具有自然属性，以提供生态服务或生态产品为主体功能的国土空间，包括森林、湿地、河流、湖泊、岸线等。以主体功能区的禁止开发区和重点生态功能区为重点，按照最大程度保护生态安全、构建生态屏障的要求划定生态空间。其中，针对生态空间内需要严格管控、保护的生态资源，划定生态保护红线，执行最严格的管控，禁止建设行为。

图例
▤ 绿线
▤ 蓝线
▤ 绿线内农田
▤ 市（县）界
▤ 镇（乡）界
▤ ××流域范围
▤ 规划范围

图3.94　G流域生态空间规划图

生态空间以保护和修复生态环境、提供生态产品为首要任务，因地制宜发展不影响主体功能定位的适宜产业。生态空间内严格控制开发强度，原则上禁止工业项目建设等破坏主要生态功能和生态环境的工程项目。

加大生态建设，恢复生态系统功能，扩大环境容量，有序推进生态空间内针对重点生态保护要素的修复、管控及优化，尽可能减少开发建设活动对自然生态系统的干扰，避免损害生态系统的稳定和完整性；引导超载人口逐步有序转移，重点推进水生态核心区生态移民搬迁，减轻人口对重点生态功能区域资源环境的破坏。

实行更加严格的产业准入环境标准，在不损害生态系统功能的前提下，因地制宜地适度发展旅游、农林牧产品生产和加工、休闲农业等产业，积极发展服务业。风景名胜区内的生态空间，可适当作极低强度开发，但具体建设开发强度、游人容量测算需要经州级相关部门及某流域管委会审议。其他生态空间原则上不允许进行开发建设。

（2）农业与农村发展区（图3.95）

农业空间指以农业生产和农村居民生活为主体功能的国土空间，包括农业耕种区（包含基本农田保护区、一般农业地区和其他农用地为主的农业生产空间）和农村居民生活空间。统筹考虑农业生产和农村生活需要，划定农业空间。其中，基本农田保护边界是需要执行严格管控的区域。

农业空间主要用于农业生产和农村生活，不得随意改变用途。基本农田一经划定，任

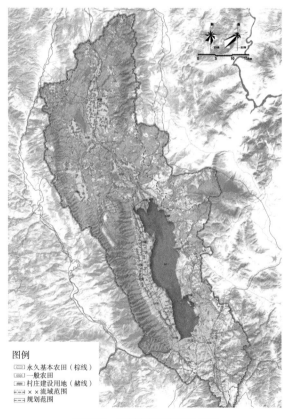

图例
☐ 永久基本农田（棕线）
☐ 一般农田
☐ 村庄建设用地（赭线）
☐ ×× 流域范围
☐ 规划范围

图3.95　G流域农业空间规划图

何单位和个人不得改变或者占用。

一般农业地区稳定粮食种植面积、努力提高粮食单产，加大对粮食生产的扶持力度，鼓励发展都市型农业，改善耕地质量。

农村居民点精明缩减，避免无序扩张，以现代农业和第三产业为主，考虑人口迁移等因素，合理统筹农村基础设施和公共服务设施建设，严格控制村庄风貌，引导乡村就地美化提升，延续村庄山水田居的整体格局。

（3）城镇发展区（图3.96）

城镇空间指以城镇居民生产生活为主体功能的国土空间，包括城镇建设空间、工矿建设空间以及预期空间联系紧密的区域交通用地等空间。结合城镇发展方向与布局形态，在预留一定弹性发展空间的前提下，划定城镇开发边界。

图例

□ 城镇空间
― 市（县）界
― 镇（乡）界
―― ××流域范围
---- 规划范围

图3.96　G流域城镇空间规划图

城镇空间发展以推进新型城镇化、改善人居环境、提升产业综合运行效率为主要任务。集约发展，合理布局城镇建设用地，优先保障重点功能区与重点建设项目。产业园区空间布局逐步优化，以生态环境保护目标为约束，全面治理流域产业并制定能耗等准入标准。

6. 重大交通设施支撑（图3.97）

规划提出打造分工清晰的"滨海—近海—外围"三层交通体系，最大程度减少交通对生态的影响。

（1）滨海层：慢速交通，观光休闲功能，环海路及以内，作为环海绿道、慢行交通、公共交通专用道路，自行车和公交限速10～20km/h。以环海路为主构建覆盖全流域的慢行交通系统，禁止机动车进入。

1）东岸：规划改造环海路为观光慢行道路，承担公交功能和区内客运。禁行货运交通，疏解现状大运量交通到规划中速路。

2）西岸：规划改造环海路为滨海人行、自行车绿道。

（2）近海层：中速交通，流域内交通联系，限速40km/h。以公交专用道等中速道路为主，建立社会车辆可进、可停的交通系统。

1）东岸：规划中速路承担过境交通和货运交通。

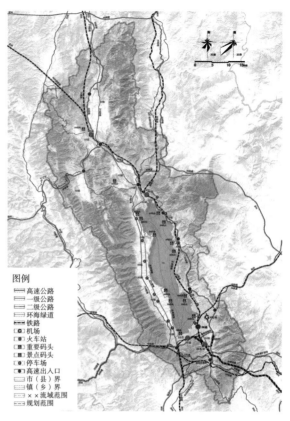

图例
▭▭ 高速公路
▭▭ 一级公路
▭▭ 二级公路
▭▭ 环海绿道
▬▬ 铁路
⊙ 机场
⊙ 火车站
◉ 重要码头
◎ 景点码头
◉ 停车场
◉ 高速出入口
▭▭ 市（县）界
▭▭ 镇（乡）界
▭▭ ××流域范围
▭▭ 规划范围

图3.97　G流域综合交通规划图

2）西岸：规划结合公交专用道改造提升，承担区内客运交通联系。

（3）外围层：快速交通、过境交通功能，限速80km/h。

以高速公路、公路、铁路等快速道路为主。

7. 规划管理与保障机制

机制方面，建议从项目管理入手，上收一部分项目审批权限。生态保护红线内项目需要上报省规委审查，生态空间内部其他项目需要上报地区审查，其他项目由县市审查审批，并报地区规委备案。

指标体系方面，建议建立"一年一体检、两年一评估"的规划评估指标体系，包括水质核心监测指标、流域底线评估指标和重点领域监测指标。

数据平台方面，建议建立基础数据、目标指标、空间坐标、技术规范统一衔接的某流域空间规划监测评估信息平台。该平台用于沟通州级与市县的实施管理，从上至下，对接市县空间管控信息管理平台，落实覆盖全域的空间规划体系，统一集中管控；从下至上，汇集各部门、市县各类空间规划成果及项目信息，进而对规划实施实现动态监测、跟踪空间规划目标指标。

3.7.5　技术要点小结

针对跨行政区域的专项规划而言，在规划地位上，属于同级地区国土空间总体规划的专项规划之一，因此，国土空间控制线体系与发展格局应该与国土空间总体规划衔接。

专项规划的重点是基于自身项目诉求，提出相应的管控措施与规划要求。

3.8　H县城公共服务设施专项规划

3.8.1　项目概况

该县位于山东省东南部，沂河中游，县城驻地为某街道，距市政府驻地约56km。近年来，该县经济增长出现了前所未有的良好势头，多个特色产业集群已形成规模，休闲旅游产业也快速发展。随着老城区周边用地相继开发和范围逐步扩展、经济开发区的建设以及东西两条河流湿地公园的建成，中心城区发展战略框架随之发生改变，城市用地功能布局、空间结构等也将发生很大变化。

本次研究的规划范围为中心城区用地规划范围，规划期限与县城总体规划保持一致。根据该县县城总体规划，规划中心城区范围东到沂河、南到南环路、西到汶河、北到北环路，控制范围面积约75km²。规划期末2035年，中心城区常住人口为43万人，建设用地规模为49.4km²。

3.8.2　现状分析

2017年，该县实现地区生产总值262.8亿元，增长8.3%。其中，第一产业增加值38.1亿元，第二产业增加值103.2亿元，第三产业增加值121.5亿元。全县城镇居民人均可支配收入32625元。2017年，县域常住人口83.4万人，县域城镇人口为44.2万人，常住人口城镇化率53.0%。县城现状常住人口为22.6万人，现状建设用地面积为30.9km²，人均公共设施用地仅5.4m²。

3.8.3　规划思路

1. 规划依据

参考《城市用地分类与规划建设用地标准》（GB50137—2011）中的公共管理与公共服务用地（A类）、商业服务业设施用地（B类）及《城市公共设施规划规范》（GB50442—2008）中的公共设施类别，并参考当地出台的相关政策文件，确定本次规划的研究对象为公益性设施和生活服务设施。具体如下：

（1）公益性设施，包括文化设施、教育科研设施、体育设施、医疗卫生设施、社会福利设施；

（2）生活服务设施，包括专业市场、菜市场（农贸市场）、社区服务中心。

2. 技术路线

首先，根据宏观层面国际国内公共设施规划发展背景、公共设施发展趋势，结合与该县相关的规划进行综合分析，确定该县公共设施的规划目标。

然后，从公益性设施和生活服务设施两大类着手，细化分析文化设施、教育科研设施、体育设施、医疗卫生设施、社会福利设施和生活服务设施的现状情况，按照相关配置体系和标准提出不同尺度的布局规划并给出实施建议。

最后，探讨公共设施的布局、开发和运营管理模式。

本次研究的技术路线如图3.98所示。

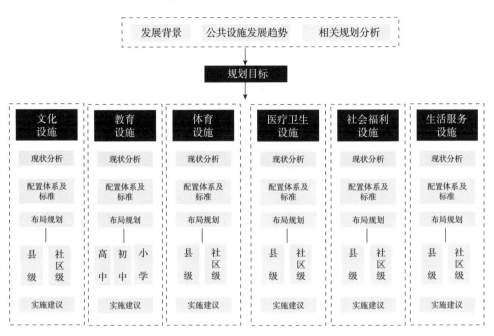

图3.98　某县公共服务设施专项规划的规划思路

3.8.4　主要内容要点

公共服务设施专项规划的主要内容包括：现状及背景分析（如总体现状分析、发展背景分析、公共设施发展趋势分析、相关规划解读、相关案例分析等）、规划目标及总体思路以及分项公共服务设施规划。分项公共服务设施主要包括文化设施、教育科研设施、体育设施、医疗卫生设施、社会福利设施以及生活服务设施等6个具体分项，各分项公共设施规划按照现状分析、规划目标、配置体系及标准、布局规划、规划实施建议等5部分内容展开，最后形成县级公共设施规划汇总和社区级公共设施规划汇总内容。

1. 规划目标

（1）结合城市空间结构调整，合理确定各类公共设施总量与分布，引导中心城区公共设施的合理布局，形成分工合理、功能明晰的各级各类中心，形成与区域中心城市相匹配的综合服务功能。

（2）以人为本，面向广大群众，体现公平与效率兼顾的原则，满足"人人享有基本公共服务"的要求，同时完善有助于提高居民生活品质的个人消费服务业和公共服务业。

2．控制单元划分（居住社区划分）

根据该县县城总体规划，规划居住用地以二类居住用地为主，以居住社区为单位组织居住用地，规划期末中心城区共规划5个居住组团、13个居住社区，居住社区人口43万人（图3.99）。

3．文化设施布局规划

（1）相关规范及配置标准

县级文化设施包括博物馆、文化馆、艺术馆、科技馆、展览馆、县级活动中心等。

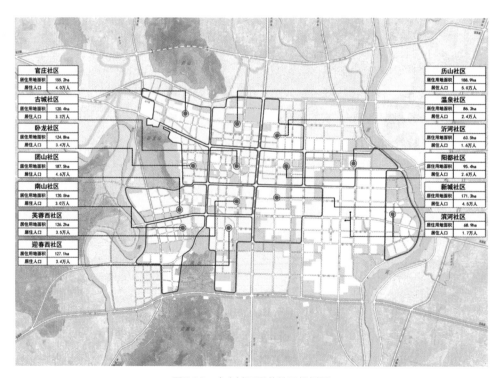

图3.99　中心城区居住社区规划图

社区级文化设施服务于2~3个居住区，服务人口3万~5万人。社区需要配建一个设施集中、配套完善、环境舒适的活动中心，满足社区内居民日常文化娱乐活动，并能够加深社区居民相互之间的邻里关系，逐步形成对社区生活的认同感。

（2）文化设施规划

规划形成"县级—社区级"两级城市文化设施体系。

县级文化设施：规划新建会展中心（含展览馆、规划馆），结合会展中心，新建游客服务中心；新建综合文化中心、图书馆，综合文化中心包括档案馆、青少年活动中心、工人文化宫、妇女儿童活动中心等；新建科技馆、县博物馆；对现状老干部活动中心进行改扩建，建设县级老年活动中心和老年大学。

社区级文化设施：结合居住社区规划，建设社区文化活动中心，主要配置小型图书馆、影视厅、青少年和老年活动场所等，为社区内居民提供方便的文化娱乐服务。规划选址宜结合或靠近同级中心绿地、社区中心或商业中心，独立性组团可单独设置。

4. 教育科研设施布局规划

（1）规划体系

针对教育设施服务对象年龄段及教学体制，规划分为基础教育设施、非基础教育设施两大类别，根据自身特点进行规划布局。

基础教育设施包括普通的幼儿园、小学、初中、高中等。

非基础教育设施包括职业中学、技校、中专、特殊教育等。

（2）教育科研设施规划（图3.100）

规划中心城区共5个九年一贯制学校（其中现状1个、改建1个、规划3个）、3个高中（现状2个、已批在建1个）、5个初中（均为现状，其中1个初中与高中合建）、16个小学（其中现状11个、规划5个）。

5. 体育设施布局

（1）配置体系

国家规范的公共体育设施分为市级、区级、居住区级、居住小区级四级。公共体育设施作为公益性设施，其配置体系应当与行政区划相一致，便于建设和管理。结合该县当地实际情况，规划体育设施采用两级配套体系，为"县级—社区级（居住区级）"。

（2）配置标准分析

通过分析《城市社区体育设施建设用地指标》（2005）、《山东省"十三五"公共体育设施建设规划》（2015）、《全国足球场地设施建设规划（2016—2020年）》等，规划确定：

1）县级公共体育设施：应具备承办全县综合性运动会和县级以上重大单项体育比赛的能力，满足体育竞技和体育训练的需求。主要场馆包括"一场两馆"，即正规的体育场、体育馆和游泳馆。同时，规划建设一个中型全民健身活动中心、一个体育公园。

2）社区级体育设施（居住区级）：主要结合周边学校及大型公共绿地等资源，与规划的居住人口规模相适应，满足一定的服务半径，充分满足社区居民的体育锻炼需求。总的来说，多为按不同的人口规模对应控制全民健身体育设施建

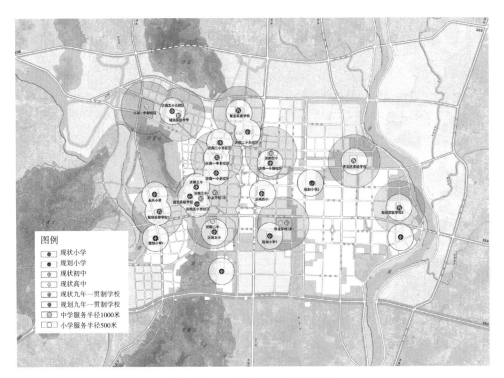

图3.100　中心城区教育设施规划图

设标准，且多采用用地面积和千人指标双指标控制的方式。

3）居住小区级：1万～1.5万人。设足球场、游泳池、羽毛球场、网球场、篮球场和健身路径；设室内健身场所1个。

（3）体育设施布局规划（图3.101）

1）县级体育设施：规划县级体育中心1个、全民健身活动中心1个、体育公园1个、健身绿道4个。全民健身绿道结合水系两侧绿带建设，主要设置小型足球场、篮球场、网球场、羽毛球场、乒乓球台等健身设施。

2）社区级体育设施（居住区级）：规划居住社区内均应按国家有关标准设置社区级体育设施，主要配置"四个一"（即一个小型全民健身活动中心、一个笼式足球场、一个室外乒乓球场、一条全民健身路径）。

3）居住小区级体育设施：在居住社区内，按照每1万～1.5万人设置1处居住小区级体育设施，主要配置"三个一"（即一个多功能运动场、一个室外乒乓球场、一条全民健身路径）。

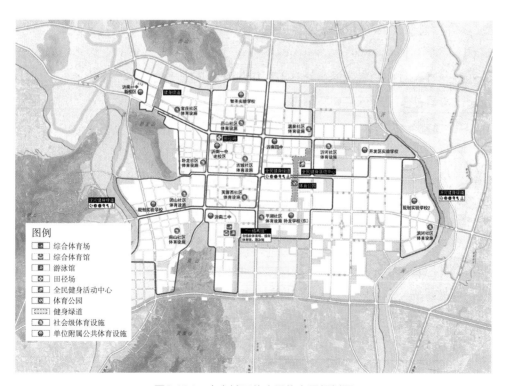

图3.101 中心城区体育设施布局规划图

6. 医疗卫生设施布局规划

（1）配置体系

规划对象包括医疗服务体系和公共卫生服务体系两大类。

1）医疗服务体系

医疗设施分三级布置，即县级医疗服务设施、社区卫生服务中心、社区卫生服务站。

县级医疗服务设施，包括综合医院、专科医院、中医医院。

2）公共卫生服务体系

公共卫生服务体系的机构包括妇幼保健医院（妇幼保健计划生育服务机构）、急救医疗机构、疾病预防控制中心、精神卫生机构、中心血站（采供血机构）、健康教育所、卫生监督所。

（2）配置标准

千人床位指标：至2035年，千人床位指标定为5.0床/千人。中心城区医院要兼顾城区和县域的双重服务需求。按规划期末中心城区常住人口43万人和县域内其他人口65万人的50%即32.5万人计算，千人床位5张，规划期末需要3775张床位。现状规模较大的医院已有约1982张床位，则还需要约1793张床位。

（3）医疗卫生设施规划（图3.102）

1）医疗服务体系

规划城市医疗服务设施，按"县级医院—社区卫生服务中心"两级配置。

县级医院：规划设置县级医院共10个，其中，综合医院6个、专科医院2个、中医医院2个。

社区卫生服务中心：在各组团社区中心内均匀设置，就近服务片区居民。

2）公共卫生服务体系

规划保留现状县心理康复医院，改扩建县妇幼保健院。

规划将现状县疾控中心、县皮肤病防治站、县结核病防治所搬迁至南环路以南。

规划结合县人民医院，建设县级急救中心。

进一步发展和新建卫生防疫站、药品检验所及医疗科学研究所等医疗卫生机构，可结合各级医院就地扩建而布置，以提高城市医疗卫生服务水平。

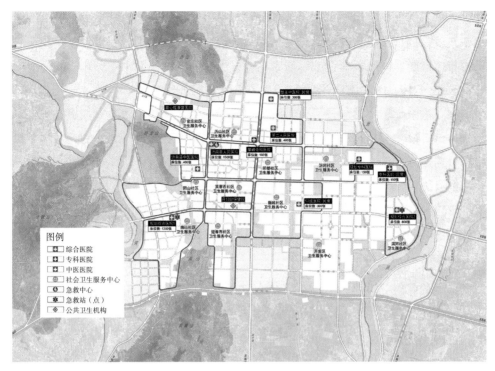

图3.102 中心城区医疗卫生设施布局规划图

（4）规划实施建议

合理配置卫生资源，构建两级互动服务体系。推进医疗服务设施形成分级医疗、双向转诊的机制和"大病"进医院、"小病"在社区的格局，由县级综合医院、专科医院、中医医院和社区卫生服务中心，构建县级医院—社区卫生服务中心两级医疗卫生体系，合理配置卫生资源，提高医疗服务效率。

7. 社会福利设施布局规划

（1）配置体系及标准

1）相关规范要求：分析《城镇老年人设施规划规范》GB 50437—2007（2018年版）、《山东省人民政府关于加快社会养老服务体系建设的意见》（鲁政发〔2012〕50号）、《山东省人民政府关于加快发展养老服务业的意见》（鲁政发〔2014〕11号）等相关规范要求。

2）社会福利设施分类：社会福利设施涉及民政体系中社会福利、收养服务、社会救助、殡葬等四个方面，具体包括老年人社会福利设施、孤残儿童福利设施、残疾人福利设施、殡葬设施、其他社会福利设施。其中，养老服务设施分为机构养老设施、社区养老设施、居家养老设施和为老设施四大类。

3）配置体系与标准结论

中心城区包括"县级—居住区级—居住小区级—居住组团级"四级社会福利设施体系。以县级福利设施为重点，以社区级福利设施为骨干，作为完善福利设施网络的支撑。

社会福利设施以养老服务设施为重点。其中，县级养老设施包括县级福利中心（养老院）、县级老年养护院和县级老年公寓，承担全县范围内的综合养老服务，兼顾全县兜底养老保障及社会养老服务；居住区级养老设施包括敬老院或老年公寓、居家养老服务中心，以全托型护养的养老服务为主，一般邻近社区卫生服务中心设置。

（2）社会福利设施规划（图3.103）

1）养老服务设施

规划建立覆盖中心城区的养老服务设施体系，并对居住小区级养老服务设

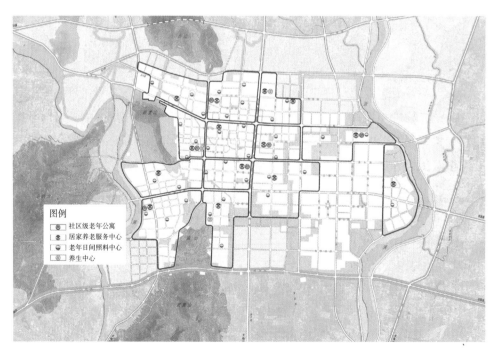

图3.103　中心城区社会福利设施布局规划图

提出发展引导。

县级养老服务设施：

规划县级社会福利中心1处，包括养老院、老年养护院、老年公寓、儿童福利院、残疾人康复中心等。

规划县级老年活动中心1个，合并设置老年大学1个。老年活动中心应具有独立的场地和建筑，并具有一定规模的适合老年人活动的室外设施。

2）孤残儿童福利设施

依托县级福利中心，建设县级儿童福利院1个和残疾儿童康复教育中心1个。

3）残疾人福利设施

依托县级福利中心，建设县级残疾人综合服务中心1个、残疾人康复中心1个、残疾人托养中心1个。结合居住区规划，建设居住区级的残疾人服务（康复）站13个。

（3）规划实施建议

依托现有医院，着力打造医养示范区。依托现有医院，加快完善养老服务的进程，探索医养结合的新型养老模式，整合医院和养老两方面资源，提供持续性的老年照顾服务，促进优质医疗资源发挥最大效益的同时提升老有所养的品质。

8. 生活服务设施布局规划

在设置标准上，旧城区可选择与社区公共服务设施联体建设，以提高土地利用率；新建住宅区，有单独用地可独立设置，如无用地，可与其余公共服务设施联合设置（图3.104）。

1）专业市场：市场用地作为重要的公共服务设施，规划着力培育全县批发交易市场朝专业化、规模化方向发展。规划6个大型专业市场。

2）农贸市场：规划4个县级农贸市场，结合居住社区的分布建设6个社区农贸市场。规划旧城区现有农贸市场逐步向室内农贸市场和生鲜超市过渡和改造，新建农贸市场坚持室内农贸市场和超市化方向，鼓励大型超市设置生鲜商品销售。规划沿路农贸市场和露天农贸市场改为室内农贸市场。

3）社区服务中心

居住区级商业服务设施按均好性原则布置。

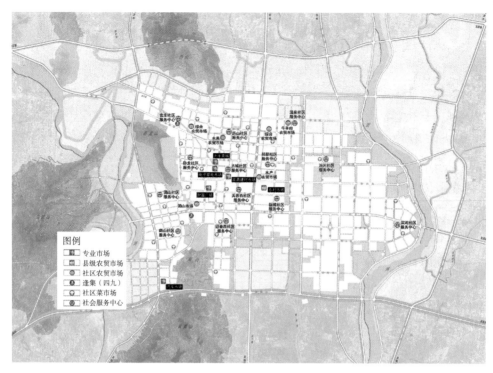

图3.104　中心城区商业市场设施布局规划图

3.8.5　技术要点小结

本专项规划参考《城市用地分类与规划建设用地标准》（GB50137—2011）中的公共管理与公共服务用地（A类）、商业服务业设施用地（B类）及《城市公共设施规划规范》（GB50442—2008）中的公共设施类别以及当地出台的相关政策文件确定规划的研究对象为文化、教育科研、体育、医疗卫生、社会福利等公益性设施以及专业市场、菜市场、社区服务中心等生活服务设施。

第 **4** 章

城乡规划相关重要
文件及设计规范解读

4.1 重要政策文件解读

4.1.1 空间规划体系相关的重要政策文件

自2013年11月《中共中央关于全面深化改革若干重大问题的决定》印发以来，中共中央、国务院、自然资源部等颁布了一系列重要的政策文件，逐步推进空间规划体系改革（表4.1）。重要政策文件包括《生态文明体制改革总体方案》《关于统一规划体系更好发挥国家发展规划战略导向作用的意见》《关于建立国土空间规划体系并监督实施的若干意见》《自然资源部关于全面开展国土空间规划工作的通知》等。

空间规划体系相关的重要政策文件清单　　　　表4.1

序号	政策文件名称	发布时间	发文单位	解读
1	《中共中央关于全面深化改革若干重大问题的决定》	2013.11	中共中央	新形势下全面深化改革的纲领性文件，标志着改革开放进入新阶段
2	《关于加快推进生态文明建设的意见》	2015.04	中共中央国务院	中央对生态文明建设的全面部署
3	《生态文明体制改革总体方案》	2015.09	中共中央国务院	生态文明改革的顶层设计和部署
4	《省级空间规划试点方案》	2017.01	中共中央办公厅、国务院办公厅	为机构改革前文件，在市县"多规合一"试点工作基础上，提出省级空间规划试点要求
5	《中共中央关于深化党和国家机构改革的决定》	2018.02	中共中央	推进国家治理体系和治理能力现代化的一场深刻变革
6	《深化党和国家机构改革方案》	2018.03	中共中央	提出组建自然资源部等
7	《国务院机构改革方案》	2018.03	国务院	明确国务院机构改革方案
8	《自然资源部职能配置、内设机构和人员编制规定》	2018.08	中共中央办公厅、国务院办公厅	为自然资源部"三定"方案，明确了自然资源部的21项职能

序号	政策文件名称	发布时间	发文单位	解读
9	《关于统一规划体系更好发挥国家发展规划战略导向作用的意见》	2018.11	中共中央 国务院（中发〔2018〕44号）	明确各类规划功能定位，理顺规划关系，统一规划体系，统筹规划管理，规范规划编制程序等
10	《关于建立国土空间规划体系并监督实施的若干意见》	2019.05	中共中央 国务院（中发〔2019〕18号）	标志着国土空间规划体系顶层设计和"四梁八柱"基本形成
11	《关于统筹推进自然资源资产产权制度改革的指导意见》	2019.04	中共中央办公厅 国务院办公厅	为生态文明建设夯实重要基础性制度，加快构建中国特色自然资源资产产权制度体系
12	《关于建立以国家公园为主体的自然保护地体系的指导意见》	2019.06	中共中央办公厅、国务院办公厅	是建立以国家公园为主体的自然保护地体系的根本遵循和指引
13	《自然资源部关于全面开展国土空间规划工作的通知》	2019.05	自然资源部	明确国土空间规划报批审查要点与近期主要工作等
14	《自然资源部办公厅关于加强村庄规划促进乡村振兴的通知》	2019.05	自然资源部办公厅	明确村庄规划的总体要求、主要任务、编制要求等
15	《自然资源部办公厅关于开展国土空间规划"一张图"建设和现状评估工作的通知》	2019.07	自然资源部办公厅	提出全面开展国土空间规划"一张图"建设和市县国土空间开发保护现状评估工作
16	《关于在国土空间规划中统筹划定落实三条控制线的指导意见》	2019.11	中共中央办公厅、国务院办公厅	从总体要求、科学有序划定、协调解决冲突、强化保障措施等方面对统筹划定落实三条控制线提出指导意见

4.1.2 《生态文明体制改革总体方案》解读

2015年9月21日，中共中央、国务院印发《生态文明体制改革总体方案》（中发〔2015〕25号）（以下简称《总体方案》）。《总体方案》是生态文明领域改革的顶层设计和部署，提出了10个方面的56条意见，系统阐述了生态文明体制改革的指导思想、理念、原则、2020年目标以及各项制度具体的改革内容。

《总体方案》提出，生态文明体制改革的理念包括：树立尊重自然、顺应自然、保护自然的理念，树立发展和保护相统一的理念，树立绿水青山就是金山银山的理念，树立自然价值和自然资本的理念，树立空间均衡的理念，树立山水林田湖是一个生命共同体的理念。

生态文明体制改革的目标是：到2020年，构建起由自然资源资产产权制度、国土空间开发保护制度、空间规划体系、资源总量管理和全面节约制度、资源有偿使用和生态补偿制度、环境治理体系、环境治理和生态保护市场体系、生态文明绩效评价考核和责任追究制度等八项制度构成的产权清晰、多元参与、激励约束并重、系统完整的生态文明制度体系，推进生态文明领域国家治理体系和治理能力现代化，努力走向社会主义生态文明新时代。

4.1.3 《关于统一规划体系更好发挥国家发展规划战略导向作用的意见》解读

2018年11月18日，中共中央、国务院印发《关于统一规划体系更好发挥国家发展规划战略导向作用的意见》（中发〔2018〕44号）（以下简称《意见》）。

《意见》指出，以规划引领经济社会发展，是党治国理政的重要方式，是中国特色社会主义发展模式的重要体现。

《意见》明确了各类规划的功能定位，理顺了各类规划的相互关系，指出国家发展规划居于规划体系最上位，是其他各级各类规划的总遵循。国家级专项规划、区域规划、空间规划，均须依据国家发展规划编制。坚持下位规划服从上位规划、下级规划服务上级规划、等位规划相互协调，建立以国家发展规划为统领，以空间规划为基础，以专项规划、区域规划为支撑，由国家、省、市县各级规划共同组成，定位准确、边界清晰、功能互补、统一衔接的国家规划体系。

《意见》还指出，建立健全目录清单、编制备案、衔接协调等规划管理制度，有效解决规划数量过多、质量不高、衔接不充分、交叉重叠等问题；创新规划理念、规范编制程序，提高规划编制科学化、民主化、法治化、规范化水平，确保规划实用管用。

4.1.4 《关于建立国土空间规划体系并监督实施的若干意见》解读

2019年1月23日，中央全面深化改革委员会第六次会议审议通过《关于建立国土空间规划体系并监督实施的若干意见》（中发〔2019〕18号）（以下简称《若干意见》），并于2019年5月23日正式印发。

《若干意见》提出：国土空间规划是国家空间发展的指南、可持续发展的空间蓝图，是各类开发保护建设活动的基本依据。建立国土空间规划体系并监督实施，将主体功能区规划、土地利用规划、城乡规划等空间规划融合为统一的国土空间规划，实现"多规合一"，强化国土空间规划对各专项规划的指导约束作用，是党中央、国务院作出的重大部署。做好国土空间规划顶层设计，发挥国土空间规划在国家规划体系中的基础性作用，为国家发展规划落地实施提供空间保障。

《若干意见》从规划定位、时间要求、内容要求、编制要求、实施监管等方面提出了明确规定，共提出了7个方面的20条意见。《若干意见》的发布标志着国土空间规划体系顶层设计和"四梁八柱"基本形成。

4.1.5 《自然资源部关于全面开展国土空间规划工作的通知》解读

2019年5月28日，自然资源部印发了《自然资源部关于全面开展国土空间规划工作的通知》（自然资发〔2019〕87号）（以下简称《通知》）。为全面启动国土空间规划编制审批和实施管理工作，《通知》对国土空间规划各项工作进行了全面部署。

《通知》提出：全国、省级、市县和乡镇国土空间规划规划期至2035年，展望至2050年；各地不再新编和报批主体功能区规划、土地利用总体规划、城镇体系规划、城市（镇）总体规划、海洋功能区划等五大规划；既有规划成果按新的规划编制要求，融入新编制的同级国土空间规划中。

4.1.6 《关于在国土空间规划中统筹划定落实三条控制线的指导意见》解读

2019年11月1日，中共中央办公厅、国务院办公厅印发《关于在国土空间规划中统筹划定落实三条控制线的指导意见》（以下简称《指导意见》）。该文件提出落实最严格的生态环境保护制度、耕地保护制度和节约用地制度，将三条控制线作为调整经济结构、规划产业发展、推进城镇化不可逾越的红线。

《指导意见》共4部分12条，从总体要求、科学有序划定、协调解决冲突、强化保障措施四个方面进行了部署。

《指导意见》主要从划定目的、组成内容、管理要求等方面，分别对三条控制线的概念内涵进行定义。对于划定落实三条控制线的总体要求，《指导意见》从指导思想、基本原则、工作目标三个方面进行了明确。对于如何科学有序划定落实三条控制线，《指导意见》从按照生态功能划定生态保护红线，按照保质保量要求划定永久基本农田，按照集约适度、绿色发展要求划定城镇开发边界3个方面作出了详细阐释。同时，《指导意见》充分考虑经济社会发展实际，还明确了生态保护红线管控总体要求。

《指导意见》从统一数据基础，自上而下、上下结合实现三条控制线落地，协调边界矛盾3个方面给出了方案。对于三条控制线的实施管理，自然资源部将建立健全统一的国土空间基础信息平台，实现部门信息共享，严格三条控制线监测监管。同时，加强严格监督考核。

4.2 空间规划相关法规体系解读

在当前国土空间规划编制工作全面启动背景下，加强自然资源领域相关立法工作，对充分发挥好法治对自然资源管理改革的引领和保障具有重要作用。2019年5月，自然资源部办公厅印发了关于《自然资源部2019年立法工作计划》的通知，计划将研究起草包括《国土空间开发保护法》《自然保护地法》等多项法律、行政法规以及部门规章草案等。

在新的《国土空间开发保护法》还未出台，既有的空间规划法规仍然有效的情况下，对我国现有的空间规划法规体系进行梳理。现有的空间规划相关的法规体系包括城乡规划法规体系、土地利用规划法规体系、环境保护规划法规体系以及其他空间规划的法规体系。

4.2.1 城乡规划法规体系

我国城乡规划法规体系主要以《中华人民共和国城乡规划法》（以下简称《城乡规划法》）为核心，还包括《风景名胜区条例》《历史文化名城名镇名村保护条例》等行政法规以及《城市总体规划编制审批管理办法》等部门规章与规划性文件等（表4.2）。

我国城乡规划法规体系 表4.2

序号	类别		名称	施行日期
1	法律		《中华人民共和国城乡规划法》（2019年修正）	2008.01.01
2	行政法规		《村庄和集镇规划建设管理条例》	1993.11.01
			《风景名胜区条例》（2016年修订）	2016.12.01
			《历史文化名城名镇名村保护条例》（2017年修订）	2008.07.01
3	部门规章与规划性文件	城乡规划编制与审批	《城市规划编制办法》	2006.04.01
			《省域城镇体系规划编制审批办法》	2010.07.01
			《城市总体规划实施评估办法（试行）》	2009.04.17
			《城市总体规划审查工作原则》	1999.04.05
			《城市总体规划编制审批管理办法》	2016.10.31
			《城市、镇控制性详细规划编制审批办法》	2011.01.01
			《历史文化名城保护规划编制要求》	1994.09.05
			《城市绿化规划建设指标的规定》	1994.01.01
			《城市综合交通体系规划编制导则》	2010.05.26
			《村镇规划编制办法（试行）》	2000.02.14
			《城市规划强制性内容暂行规定》	2002.08.29

序号	类别		名称	施行日期
3	部门规章与规划性文件	城乡规划实施管理与监督检查	《建设项目选址规划管理办法》	1991.08.23
			《城市国有土地使用权出让转让规划管理办法》（2011年修正）	1993.01.01
			《城市地下空间开发利用管理规定》（2011年修正）	1997.12.01
			《城市抗震防灾规划管理规定》（2011年修正）	2003.11.01
			《近期建设规划工作暂行办法》	2002.08.29
			《城市绿线管理办法》（2011年修正）	2002.11.01
			《城市紫线管理办法》（2011年修正）	2004.02.01
			《城市黄线管理办法》（2011年修正）	2006.03.01
			《城市蓝线管理办法》（2011年修正）	2006.03.01
			《建制镇规划建设管理办法》（2011年修正）	1995.07.01
			《市政公用设施抗灾设防管理规定》（2015年修订）	2015.01.22
			《城建监察规定》（2011年修正）	1992.11.01
4		城市规划行业管理	《城乡规划编制单位资质管理规定》（2016年修订）	2012.09.01
			《注册城乡规划师职业资格制度规定》	2017.05.22

　　《城乡规划法》于2007年10月28日十届全国人大常委会第三十次会议审议通过，自2008年1月1日起施行，并于2015年、2019年进行了两次修正。《城乡规划法》突破了1984年版《城市规划条例》、1990年版《城市规划法》的立法框架，实现了法律内容与价值取向的创新，是时空发展新要求的具体体现，显示了我国正式从"城市规划时代"走入"城乡规划时代"。《城乡规划法》明确了规划的编制程序、编制内容、编制主体及违法行为的法律责任等，为城乡规划的实施提供了有力保障。《城乡规划法》共分为7章，总计70条。

4.2.2　土地利用规划法规体系

　　我国土地利用规划法规体系主要以《中华人民共和国土地管理法》（以下简称《土地管理法》）为核心，还包括《中华人民共和国土地管理法实施条例》、《基本农田保护条例》等行政法规（表4.3）。

我国土地利用规划法规体系 表4.3

序号	类别	名称	施行日期
1	法律	《中华人民共和国土地管理法》（2019年修正）	1999.01.01
2	行政法规	《中华人民共和国土地管理法实施条例》（2014年修订）	1999.01.01
		《基本农田保护条例》（2011年修正）	1999.01.01
		《国有土地上房屋征收与补偿条例》	2011.01.21
3	部门规章	《土地利用总体规划管理办法》	2017.05.08
		《建设项目用地预审管理办法》（2016年修正）	2009.01.01
		《节约集约利用土地规定》（2019年修正）	2014.09.01
		《土地复垦条例实施办法》（2019年修正）	2013.03.01
		《闲置土地处置办法》	2012.07.01
		《土地权属争议调查处理办法》（2010年修正）	2003.03.01
		《土地调查条例实施办法》（2019年修正）	2009.06.17
		《土地储备管理办法》	2018.01.03
		《草原征地占用审核审批管理办法》（2014年修订）	2006.03.01

原《土地管理法》于1986年第六届全国人大常委会第十六次会议通过，至今试行已经超过30年，先后经过了1988年第一次修正、1998年修订、2004年第二次修正、2019年第三次修正。《土地管理法》（2019年修正版）共分为8章，总计87条。此次修正突出了"特殊保护耕地、严格控制建设用地"和"优化市场配置、构建城乡统一建设用地市场"并重的管理制度，在提高土地利用质量和效益上又迈进了一步，而且，各级人民政府作为土地管理的主体责任更加突出。

《土地管理法》（2019年修正版）修改调整的主要内容包括七个方面：对集体经营性建设用地入市作出了制度安排，对土地征收和补偿保障作出了细化规定，对宅基地制度进行了调整，体现了最严格的耕地保护制度（将基本农田提升为"永久基本农田"），合理划分了中央和地方土地审批权限，调整了相关部门监督管理权责以及将国土空间规划体系、不动产统一登记、土地督察制度写入法律。《土地管理法》（2019年修正版）规定：国家建立国土空间规划体系；依法批准的国土空间规划是各类开发、保护和建设活动的基本依据；已经编制国土空间规划的，不再编制土地利用总体规划和城乡规划。

4.2.3　环境保护规划法规体系

我国环境保护法规体系主要以《中华人民共和国环境保护法》（以下简称《环境保护法》）为核心，另外，除国务院颁布的有关实施环境保护法的行政法规，国务院生态环境部门和其与其他有关部门联合制定的关于环境保护规划编制、审批、实施、修改、监督检查、法律责任等内容的部门规章外，还有《中华人民共和国水污染防治法》《中华人民共和国大气污染防治法》《中华人民共和国固体废物污染环境防治法》《中华人民共和国环境噪声污染防治法》《中华人民共和国放射性污染防治法》以及《中华人民共和国环境影响评价法》等（表4.4）。

我国环境保护规划法规体系　　　　　表4.4

序号	类别	名称	施行日期
1	法律	《中华人民共和国环境保护法》（2014年修订）	2015.01.01
		《中华人民共和国水污染防治法》（2017年修订）	2008.06.01
		《中华人民共和国海洋环境保护法》（2017年修订）	2000.04.01
		《中华人民共和国固体废物污染环境防治法》（2020年修订）	2020.09.01
		《中华人民共和国大气污染防治法》（2015年修订）	2016.01.01
		《中华人民共和国环境影响评价法》（2018年修订）	2003.09.01
		《中华人民共和国草原法》（2013年修订）	2003.03.01
		《中华人民共和国循环经济促进法》	2009.09.01
		《中华人民共和国防沙治沙法》（2018年修正）	2002.01.01
		《中华人民共和国水法》（2016年修正）	2002.10.01
		《中华人民共和国水土保持法》（2010年修订）	2011.03.01
		《中华人民共和国清洁生产促进法》（2012年修正）	2003.01.01
		《中华人民共和国野生动物保护法》（2018年修订）	2017.01.01

序号	类别	名称	施行日期
1	法律	《中华人民共和国放射性污染防治法》	2003.01.01
		《中华人民共和国可再生能源法》	2006.01.01
		《中华人民共和国水污染防治法》（2017年修正）	2008.06.01
2	行政法规	《中华人民共和国自然保护区条例》（2017年修订）	1994.12.01
		《建设项目环境保护管理条例》（2017年修订）	2017.10.01
		《城镇排水与污水处理条例》	2014.01.01
		《规划环境影响评价条例》	2009.10.01
		《全国污染源普查条例》（2019年修订）	2007.10.09
3	部门规章	《国家环境保护环境与健康工作办法（试行）》	2018.01.25
		《农用地土壤环境管理办法（试行）》	2017.11.01
		《环境影响评价公众参与办法》	2019.01.01
		《建设项目环境影响评价资质管理办法》	2015.11.01
		《环境监察稽查办法》	2014.09.23
		《环境行政执法后督察办法》	2011.03.01
		《地方环境质量标准和污染物排放标准备案管理办法》	2010.03.01
		《环境行政处罚办法》	2010.03.01
		《建设项目环境影响评价分类管理名录》（2021年版）	2021.01.01
		《突发环境事件应急管理办法》	2015.06.05
		《国家生态工业示范园区管理办法（试行）》	2015.12.16

4.2.4　其他空间规划的法规体系

其他空间规划的法规体系包括原国家海洋局、农业以及林业等管理部门涉及的相关法律、法规、部门规章等，主要有《中华人民共和国海洋环境保护法》《中华人民共和国农业法》《中华人民共和国水法》《中华人民共和国草原法》《中华人民共和国森林法》等（表4.5）。

我国其他空间规划的法规体系

表4.5

序号	部门	类别	名称	施行日期
1	海洋管理部门	法律	《中华人民共和国海域使用管理法》	2002.01.01
			《中华人民共和国港口法》（2018年修正）	2004.01.01
			《中华人民共和国海岛保护法》	2010.03.01
			《中华人民共和国深海海底区域资源勘探开发法》	2016.05.01
			《中华人民共和国海洋环境保护法》（2017年修正）	2000.04.01
		行政法规	《中华人民共和国自然保护区条例》（2017年修订）	1994.12.01
			《基础测绘条例》	2009.08.01
			《中华人民共和国航道管理条例》（2008年修订）	1987.10.01
		部门规章	《区域建设用海规划管理办法（试行）》	2016.01.20
2	农业管理部门	法律	《中华人民共和国水土保持法》（2010年修订）	2011.03.01
			《中华人民共和国农业法》（2012年修正）	2003.03.01
		行政法规	《农田水利条例》	2016.07.01
		部门规章	《国家农业综合开发资金和项目管理办法》（2016年修订）	2017.01.01
			《国家农业科技园区管理办法》（2020年修订）	2020.06.25
			《省级政府耕地保护责任目标考核办法》（2018年修订）	2018.01.03
3	水利管理部门	法律	《中华人民共和国水法》（2016年修订）	2002.10.01
		行政法规	《城市供水条例》（2020年修订）	1994.10.01
			《中华人民共和国水文条例》（2017年修正）	2007.06.01
			《中华人民共和国河道管理条例》（2018年修正）	2018.03.19
		部门规章	《开发建设项目水土保持方案编报审批管理规定》（2017年修正）	2017.12.22
4	林业管理部门	法律	《中华人民共和国森林法》（2019年修订）	2020.07.01
			《中华人民共和国草原法》（2013年修正）	2003.03.01
		行政法规	《退耕还林条例》（2016年修正）	2003.01.20
			《中华人民共和国森林法实施条例》（2018年修订）	2018.03.19

序号	部门	类别	名称	施行日期
4	林业管理部门	部门规章	《森林资源监督工作管理办法》	2008.01.01
			《国家级森林公园管理办法》	2011.08.01
			《国有林场管理办法》	2011.11.11
			《湿地保护管理规定》（2017年修订）	2018.01.01
			《草原征占用审核审批管理办法》	2020.06.19
			《国家级公益林区划界定办法》	2017.04.28
			《国家级公益林管理办法》	2017.04.28

4.3 重要技术文件解读

4.3.1 重要技术文件

2019年以来，自然资源部相继印发了《国土空间规划"一张图"建设指南（试行）》《市县国土空间开发保护现状评估技术指南（试行）》《资源环境承载能力和国土空间开发适宜性评价指南（试行）》《省级国土空间规划编制指南（试行）》《市级国土空间总体规划编制指南（试行）》《国土空间调查、规划、用途管制用地用海分类指南（试行）》《生态保护红线评估技术方案》等重要技术文件（表4.6）。

同时，《城镇开发边界划定指南》《市县国土空间规划分区与用途分类指南》《国土空间规划城市设计指南》《国土空间规划城市体检评估规程》等技术文件正在征求意见或编制过程中。

	重要技术文件一览表			表4.6

序号	技术文件名称	编制动态	印发时间	印发部门
1	《生态保护红线划定指南》	正式公布	2017.05	环境保护部、国家发改委
2	《城镇开发边界划定指南（试行）》	征求意见稿	2019.06	自然资源部国土空间规划局
3	《国土空间规划"一张图"建设指南（试行）》	正式公布	2019.07	自然资源部办公厅
4	《市县国土空间开发保护现状评估技术指南（试行）》	正式公布	2019.07	自然资源部办公厅
5	《资源环境承载能力和国土空间开发适宜性评价指南（试行）》	正式公布	2020.01	自然资源部
6	《省级国土空间规划编制指南（试行）》	正式公布	2020.01	自然资源部
7	《市级国土空间总体规划编制指南（试行）》	正式公布	2020.09	自然资源部
8	《国土空间调查、规划、用途管制用地用海分类指南（试行）》	正式公布	2020.11	自然资源部
9	《生态保护红线评估技术方案》	正式公布	2019.08	自然资源部国土空间规划局、生态环境部自然生态保护司
10	其他技术文件	在编	—	—

4.3.2 《国土空间规划"一张图"建设指南（试行）》解读

自然资源部办公厅于2019年7月18日印发了《自然资源部办公厅关于开展国土空间规划"一张图"建设和现状评估工作的通知》（自然资办发〔2019〕38号），要求依托国土空间基础信息平台，全面开展国土空间规划"一张图"建设和市县国土空间开发保护现状评估工作。同时，以附件形式印发了《国土空间规划"一张图"建设指南（试行）》《市县国土空间开发保护现状评估技术指南（试行）》。

1. 构建国土空间规划"一张图"的三个步骤

步骤一：统一形成"一张底图"。各地应以第三次全国国土调查成果为基础，整合规划编制所需的空间关联现状数据和信息，形成坐标一致、边界吻合、上下贯通的一张底图，用于支撑国土空间规划编制。

步骤二：建设完善国土空间基础信息平台。省、市、县各级应抓紧建设国土空间基础信息平台，并与国家级平台对接，实现纵向联通，同时推进与其他相关部门信息平台的横向联通和数据共享。基于平台，建设从国家到市县级的国土空间规划"一张图"实施监督信息系统，开展国土空间规划动态监测评估预警。

步骤三：叠加各级各类规划成果，构建国土空间规划"一张图"。各地自然资源主管部门在推进省级国土空间规划和市县国土空间总体规划编制中，应及时将批准的规划成果向本级平台入库，作为详细规划和相关专项规划编制和审批的基础和依据。

2. 完善建设节约、有用的国土空间基础信息平台

2017年，按照原国土资源部与国家测绘局发文要求，各地已着手开展国土空间基础信息平台建设。近年来，很多地方也基于规划实施管理和监督建设了信息平台。

省级以下平台建设由省级自然资源主管部门统筹。可采取省内统一建设模式，建立省市县共用的统一平台；也可以采用独立建设模式，省市县分别建立本级平台；或采用统分结合的建设模式，省市县部分统一建立、部分独立建立本级平台。

4.3.3 《市县国土空间开发保护现状评估技术指南（试行）》解读

做好国土空间开发保护现状评估是科学编制国土空间规划和有效实施监督的重要前提。市县应以《自然资源部办公厅关于开展国土空间规划"一张图"建设和现状评估工作的通知》提出的28个核心指标为重点（表4.7），结合推荐指标，建立符合当地实际，反映当地特点的指标体系。以指标体系为核心，通过基础调查、专题研究、实地踏勘、社会调查等方法，切实摸清现状，在底线管控、空间结构和效率、品质宜居等方面，对市县进行定期体检，找准问题，提出对策。

市县国土空间开发保护现状评估——基本指标 表4.7

编号	指标项
一、底线管控	
A-01	生态保护红线范围内建设用地面积（km²）
A-02	永久基本农田保护面积（km²）
A-03	耕地保有量（km²）
A-04	城乡建设用地面积（km²）
A-05	森林覆盖率（%）
A-06	湿地面积（km²）
A-07	河湖水面率（%）
A-08	水资源开发利用率（%）
A-09	自然岸线保有率（%）
A-10	重要江河湖泊水功能区水质达标率（%）
A-11	近岸海域水质优良（一、二类）比例（%）
二、结构效率	
A-12	人均应急避难场所面积（m²）
A-13	道路网密度（km/km²）
A-14	人均城镇建设用地（m²）
A-15	人均农村居民点用地（m²）
A-16	存量土地供应比例（%）
A-17	每万元GDP地耗（m²）
三、生活品质	
A-18	社区森林步行15分钟覆盖率（%）
A-19	公园绿地、广场步行5分钟覆盖率（%）
A-20	社区卫生医疗设施步行15分钟覆盖率（%）
A-21	社区中小学步行15分钟覆盖率（%）
A-22	社区体育设施步行15分钟覆盖率（%）
A-23	城镇人均住房建筑面积（m²）
A-24	历史文化风貌保护面积（km²）
A-25	消防救援5分钟可达覆盖率（%）
A-26	每千名老年人拥有养老床位数（张）
A-27	生活垃圾回收利用率（%）
A-28	农村生活垃圾处理率（%）

资料来源：《自然资源部办公厅关于开展国土空间规划"一张图"建设和现状评估工作的通知》

4.3.4 《资源环境承载能力和国土空间开发适宜性评价指南（试行）》解读

2020年1月19日，自然资源部办公厅印发《资源环境承载能力和国土空间开发适宜性评价指南（试行）》，从适用范围、术语和定义、评价目标、评价原则、工作流程、成果要求、成果应用等方面，为各地开展资源环境承载能力和国土空间开发适宜性评价（以下简称"双评价"）工作作出指导，以保证评价成果的科学、规范、有效。

"双评价"是编制国土空间规划、完善空间治理的基础性工作，是优化国土空间开发保护格局、完善区域主体功能定位，划定生态保护红线、永久基本农田、城镇开发边界（简称三条控制线），确定用地用海等规划指标的参考依据。

4.4 专项设计规范解读

4.4.1 《城市用地分类与规划建设用地标准》GB50137—2011

现行版《城市用地分类与规划建设用地标准》GB50137—2011自2012年1月1日起实施。本标准适用于城市和县人民政府所在地镇的总体规划和控制性详细规划的编制、用地统计和用地管理工作。

用地分类，包括城乡用地分类、城市建设用地分类两部分，应按土地使用的主要性质进行划分。用地分类采用大类、中类和小类3级分类体系。大类应采用英文字母表示，中类和小类应采用英文字母和阿拉伯数字组合表示。城乡用地共分为2大类、9中类、14小类。城市建设用地共分为8大类、35中类、42小类。

规划建设用地标准：规划人均城市建设用地指标应根据现状人均城市建设用地指标、城市所在的气候区以及规划人口规模综合确定，并应同时符合允许采用的规划人均城市建设用地指标和允许调整幅度双因子的限制要求。同时，还对规划人均单项城市建设用地标准、规划城市建设用地结构作了规定。

根据住房和城乡建设部《关于印发〈印发2015年工程建设标准规范制订、修订计划〉的通知》（建标〔2014〕189号），住房和城乡建设部组织中国城市规划设计研究院等单位起草了国家标准《城乡用地分类与规划建设用地标准（征求意见稿）（GB50137）（修订）》，于2018年5月21日向社会公开征求意见。该修订版标准对镇、村庄的建设用地分类、建设用地标准均作出了具体规定。

修订版（征求意见稿）标准详细内容见住房和城乡建设部官网。

4.4.2 《城市居住区规划设计标准》GB50180—2018

《城市居住区规划设计标准》GB50180—2018自2018年12月1日起实施。原国家标准《城市居住区规划设计规范》GB50180—1993同时废止。

本次修订的主要内容是：①适用范围从居住区的规划设计扩展至城市规划的编制以及城市居住区的规划设计。②调整居住区分级控制方式与规模，统筹、整合、细化了居住区用地与建筑相关控制指标；优化了配套设施和公共绿地的控制指标和设置规定。③与现行相关国家标准、行业标准、建设标准进行对接与协调；删除了工程管线综合及竖向设计的有关技术内容；简化了术语概念。

本标准适用于城市规划的编制以及城市居住区的规划设计。

居住区分级控制规模：居住区按照居民在合理的步行距离内满足基本生活需求的原则，可分为15分钟生活圈居住区、10分钟生活圈居住区、5分钟生活圈居住区及居住街坊四级，其分级控制规模应符合表4.8的规定。

居住区分级控制规模　　　　　　　　　　表4.8

距离与规模	十五分钟生活圈居住区	十分钟生活圈居住区	五分钟生活圈居住区	居住街坊
步行距离（m）	800～1000	500	300	—
居住人口（人）	50000～100000	15000～25000	5000～12000	1000～3000
住宅数量（套）	17000～32000	5000～8000	1500～4000	300～1000

用地与建筑：各级生活圈居住区用地应合理配置、适度开发，该标准对十五分钟生活圈居住区、十分钟生活圈居住区、五分钟生活圈居住区的用地控制指标提出了规定，包括住宅建筑平均层数类别、人均居住区用地面积、居住区用地容积率、居住区用地构成等指标。新建各级生活圈居住区应配套规划建设公共绿地，并应集中设置具有一定规模，且能开展休闲、体育活动的居住区公园。

该标准还对配套设施、道路、居住环境等方面均作出了具体规定。

本标准详细内容见住房和城乡建设部官网。

4.4.3 《城市绿地规划标准》GB/T51346—2019

《城市绿地规划标准》为国家标准，编号为GB/T51346—2019，自2019年12月1日起实施。

本标准的主要技术内容包括六个部分：总则、术语、基本规定、系统规划、分类规划、专项规划。其中，系统规划包括市域绿色生态空间、市域绿地系统规划、城区绿地系统规划、城区绿地指标；分类规划包括公园绿地、防护绿地、广场用地、附属绿地；专业规划包括绿地景观风貌规划、生态修复规划。

本标准适用于城市规划、城市绿地专项规划的编制与管理工作。

本标准详细内容见住房和城乡建设部官网。

4.4.4 《风景名胜区总体规划标准》GB/T50298—2018

《风景名胜区总体规划标准》为国家标准，编号为GB/T50298—2018，自2019年3月1日起实施。原国家标准《风景名胜区规划规范》GB50298—1999同时废止。

本标准的主要技术内容包括九个部分：总则、术语、基本规定、保护培育规划、游赏规划、设施规划、居民社会调控与经济发展引导规划、土地利用协调规划、分期发展规划。

本次修订的主要内容是：①对章节结构进行了调整；②适用范围明确为风景区总体规划；③增加了与风景区总体规划有关的术语；④原来的一般规定修改为基本规定并调整了相关内容；⑤保护分区由原分类、分级划定方式调整为分级划定方式；⑥增加了游览解说系统和综合防灾避险规划；⑦与城乡用地分类和土地利用分类相衔接，调整了风景区用地类别。

本标准适用于我国风景区的总体规划。风景区总体规划应与国民经济和社会发展规划、主体功能区规划、城市总体规划、土地利用总体规划等规划相互协调并应指导下层次规划。

本标准详细内容见住房和城乡建设部官网。

4.5 其他相关设计规范解读

4.5.1 《城市综合交通体系规划标准》GB/T51328—2018

2018年9月，住房和城乡建设部批准《城市综合交通体系规划标准》为国家标准，编号为GB/T51328—2018，自2019年3月1日起实施。国家标准《城市道路交通规划设计规范》GB50220—1995废止。

本标准的主要技术内容包括十五个部分：总则、术语、基本规定、综合交通与城市空间布局、城市交通体系协调、规划实施评估、城市对外交通、客运枢纽、城市公共交通、步行与非机动车交通、城市货运交通、城市道理、停车场与公共加油加气站、交通调查与需求分析、交通信息化。

与1995年版规范相比，本标准立足于完整的城市交通规范体系，把综合交通体系与城市社会经济、城市空间以及城市综合交通系统内部各子系统的协调放在重要的位置：第3、4、5、7章分别对综合协调、交通与土地利用协调、城市交通内部各子系统协调、城市内部交通与对外交通协调进行了规定。一方面，发挥不同交通方式的优势，取长补短，通过功能互补与相互衔接，实现城市交通组织的"最优"。另一方面，在集约、节约利用空间资源的要求下，落实绿色发展，统筹分配各交通方式，进行"优先权"的规划。

本标准优化调整了交通规划的目标和内容，从以指导建设为主转向建设与管理并重；根据安全、绿色、公平、高效的要求，从指标和规划方法上，加强了绿色交通优先发展的指引；按照以人为中心和宜居城市建设要求，从公共交通服务、居民出行时间等方面对城市交通服务水平提出了要求；根据城市增量与存量的不同发展阶段，因地制宜提出了不同发展地区的规划内容、方法与指标要求；根据科技创新对城市交通发展的影响，对新技术、新方式的发展提出指引。本标准还对各子系统的规划和相互协调进行了规定。

本标准体现了规划环境变化和发展阶段要求，回应了规划和交通的新变化，增加了规划实施评估、交通枢纽、轨道交通、辅助公交、交通调查与需求分析和交通信息化等内容。在规划指标上，对成熟内容尽量提出定量指标体系，对新内容与新变化，则根据发展形势和研究深度，确定定性要求和方向引导。

本标准详细内容见住房和城乡建设部官网。

4.5.2 《城市道路绿化规划与设计规范》CJJ 75—1997

《城市道路绿化规划与设计规范》为行业标准，编号为CJJ 75—1997，自1998年5月1日起施行。国家标准《城市综合交通体系规划标准》GB/T51328—2018自2019年3月1日起实施。《城市道路绿化规划与设计规范》CJJ75—1997的第3.1节（即道路绿地率指标）和第3.2节（即道路绿地布局与景观规划）同时废止，其他内容继续有效。

本规范的主要技术内容包括六个部分：总则、术语、道路绿化规划、道路绿带设计、交通岛以及广场和停车场绿地设计、道路绿化与有关设施。

4.5.3 《城乡建设用地竖向规划规范》CJJ83—2016

2016年6月，住房和城乡建设部批准《城乡建设用地竖向规划规范》为行业标准，编号为CJJ83—2016，自2016年8月1日起实施。其中，第3.0.7、4.0.7、7.0.5、7.0.6条为强制性条文，必须严格执行。原《城市用地竖向规划规范》CJJ83—1999同时废止。

本规范的主要技术内容包括九个部分：总则、术语、基本规定、竖向与用地布局及建筑布置、竖向与道路及广场、竖向与排水、竖向与防灾、土石方与防护工程、竖向与城乡环境景观。

本次修订的主要技术内容是：①名称修改为《城乡建设用地竖向规划规范》；②适用范围由城市用地扩展到城乡建设用地；③将"4规划地面形式"和"5竖向与平面布局"合并为"9竖向与城乡环境景观"；④新增"7竖向与防灾"；⑤与其他相关标准协调对相关条文进行了补充修改；⑥进一步明确了强制性条文。

本规范详细内容见住房和城乡建设部官网。

4.5.4　市政工程及综合防灾规划相关规范

《城市给水工程规划规范》编号为GB50282—2016，自2017年4月1日起实施。原国家标准《城市给水工程规划规范》GB50282—1998同时废止。本次修订的主要技术内容是：①增加了术语、基本规定和应急供水等内容；②规范适用范围调整为城市总体规划、控制性详细规划和给水工程专项规划；③调整了用水量指标；④调整了水厂和加压泵站用地指标；⑤补充了非常规水资源利用的内容；⑥补充了城市给水系统布局的内容；⑦补充了城市给水系统安全性的内容；⑧补充了输配水的内容；⑨对其他部分条文作了补充修改。

《城市排水工程规划规范》编号为GB 50318—2017，自2017年7月1日起实施。原国家标准《城市排水工程规划规范》GB 50318—2000同时废止。本规范修订的主要技术内容是：①将原规范的结构框架进行调整，增加了术语、基本规定和监控与预警三个章节；②将原规范的排水体制、排水量、系统布局、排水管渠、排水泵站、污水处理与利用等内容分别在污水系统、雨水系统及合流制排水系统中规定，并对雨水系统进行了定义；③适用范围调整为城市规划的排水工程规划和城市排水工程专项规划的编制；④在总则、基本规定、雨水系统及合流制排水系统中增加了节能减排、源头径流减排、雨水综合利用、城市防涝空间控制、合流制系统改造和溢流污染控制等内容。

《城市电力规划规范》编号为GB/T50293—2014，自2015年5月1日起实施。原《城市电力规划规范》GB50293—1999同时废止。本规范修订的主要技术内容是：①调整了电力规划编制的内容要求，将原第3章"城市电力规划编制基本要求"调整为"基本规定"；②在"城市供电设施"部分增加"环网单元"内容；③调整了电力规划负荷预测标准指标；④调整了变电站规划用地控制指标；⑤增加了超高压、新能源等相关内容；⑥增加了引用标准名录；⑦对相关条文进行了补充修改。

《城市工程管线综合规划规范》编号为GB50289—2016，自2016年12月1日起实施。原国家标准《城市工程管线综合规划规范》GB50289—1998同时废止。本规范修订的主要技术内容是：①在管线种类上，新增了再生水工程管线，"电信"工程管线改为"通信"工程管线；②增加了术语和基本规定章节；③结合现行国家标准，对规范中部分工程管线的敷设方式进行了修改，区分了保护管敷设和管沟敷设；④结合实际调研及国家现行标准，对工程管线的最小覆土深度、工程管线之间及其与建（构）筑物之间的最小水平净距、工程管线交叉时的最小垂直净距、架空管线之间及其与建（构）筑物之间的最小水平净距和交叉时的最小垂直净距局部进行了修订。

其他市政工程及综合防灾规划相关规范见表4.9。

上述规范详细内容见住房和城乡建设部官网。

市政工程及综合防灾规划相关规范一览表　　　表4.9

序号	规范名称	编号	实施时间	备注
1	《城市给水工程规划规范》	GB50282—2016	2017年4月1日	原国家标准《城市给水工程规划规范》（GB50282—1998）同时废止
2	《城市排水工程规划规范》	GB50318—2017	2017年7月1日	原国家标准《城市排水工程规划规范》（GB 50318—2000）同时废止
3	《城市电力规划规范》	GB/T50293—2014	2015年5月1日	原《城市电力规划规范》（GB50293—1999）同时废止
4	《城市通信工程规划规范》	GB/T50853—2013	2013年9月1日	
5	《城镇燃气规划规范》	GB/T51098—2015	2015年11月1日	
6	《城市供热规划规范》	GB/T51074—2015	2015年9月1日	
7	《城市环境卫生设施规划规范》	GB50337—2018	2019年4月1日	
8	《城市工程管线综合规划规范》	GB50289—2016	2016年12月1日	原国家标准《城市工程管线综合规划规范》（GB 50289—1998）同时废止

序号	规范名称	编号	实施时间	备注
9	《城市防洪规划规范》	GB51079—2016	2017年2月1日	
10	《城市消防规划规范》	GB51080—2015	2015年9月1日	
11	《城市居住区人民防空工程规划规范》	GB50808—2013	2013年5月1日	

4.6 其他重要标准解读

4.6.1 《城市规划基本术语标准》GB/T 50280—1998

本标准是为了科学地统一和规范城市规划术语而制定的，适用于城市规划的设计、管理、教学、科研和其他相关领域。主要内容包括对城市和城市化、城市规划、发展战略、城市人口和用地、城市总体布局、居住区规划、城市道路交通、城市给水工程、城市排水工程、城市电力工程、城市通信工程等相关方面的名词解释与术语规范。2005年原建设部对国家标准《城市规划基本术语标准》进行局部修订。

4.6.2 《城市规划制图标准》CJJ/T 97—2003

本标准是为了规范城市规划的制图，提高城市规划制图的质量，正确表达城市规划图的信息。主要技术内容包括城市规划各种图纸的具体制图要求，城市规划的用地图例、规划要素图例，对图纸分类和应包括的内容、图题、图界、指北针与风向玫瑰、比例、比例尺、规划期限、图例、署名、编绘日期、图标、文字与说明、图幅规格、图号顺序等制图要素进行了规范规定。

4.6.3 《城市绿地分类标准》CJJ/T85—2017

　　《城市绿地分类标准》为行业标准，编号为CJJ/T85—2017，自2018年6月1日起实施。原行业标准《城市绿地分类标准》CJJ/T85—2002同时废止。

　　本标准适用于绿地的规划、设计、建设、管理和统计工作。主要技术内容包括绿地分类、绿地的计算原则和方法。绿地分类应与《城市用地分类与规划建设用地标准》GB50137—2011相对应，包括城市建设用地内的绿地与广场用地和城市建设用地外的区域绿地两部分。绿地的主要统计指标包括绿地率、人均绿地面积、人均公园绿地面积、城乡绿地率。

4.6.4 《城市规划数据标准》CJJ/T199—2013

　　《城市规划数据标准》为行业标准，编号为CJJ/T199—2013，自2014年4月1日起实施。

　　本标准适用于城市规划成果用地数据及其相关空间数据的应用和城市规划管理信息系统建设。主要技术内容包括城市规划数据分类、城市规划数据代码、城市规划数据图示符号、城市规划数据质量、城市规划数据报告等。城市规划数据包括城市规划基础数据、城乡用地数据、城市建设用地数据、城市规划图件及专题数据。

第 5 章

重点推荐书目简介

5.1 城乡规划类推荐书目简介

5.1.1 《城市规划原理》（第四版）（图5.1）

本书作者：吴志强，瑞典皇家工程科学院院士、中国工程院院士，同济大学副校长。李德华，中国城市规划学会资深会员、著名规划专家，同济大学教授，同济大学建筑与城市规划学院首任院长。

本书系统阐述了城乡规划的基本原理、规划设计的原则和方法以及规划设计的经济问题。主要内容分22章叙述，包括城市与城市化、城市规划思想发展、城市规划体制、城市规划的价值观、生态与环境、经济与产业、人口与社会、历史与文化、技术与信息、城市规划的类型与编制内容、城市用地分类及其适用性评价、城乡区域规划、总体规划、控制性详细规划、城市交通与道路系统、城市生态与环境规划、城市工程系统规划、城乡住区规划、城市设计、城市遗产保护与城市复兴、城市开发规划、城市规划管理。

本书为城市规划学科专业教材，也可供建筑学专业及从事城市规划和建筑设计的工作人员参考。

图5.1 《城市规划原理》（第四版）封面

5.1.2 《乡村规划原理》（图5.2）

本书作者：李京生是同济大学建筑与城市规划学院城市规划系教授、博士生导师，中国城市规划学会乡村建设与规划学术委员会顾问，在村庄规划上具有

图5.2 《乡村规划原理》封面

深厚的理论基础和丰富的规划实践。本书分三篇讲述了乡村规划的基本知识，乡村规划的构成，乡村规划的编制，详细阐述了乡村与乡村发展，乡村空间的解读，乡村规划的理论与历史，乡村的产业与乡村的类型，乡村居住与选址，乡村公共空间与设施配置，乡村遗产保护，乡村规划的定位与法规，乡村规划的编制方法。

5.1.3 《城市规划寻路》(图5.3)

本书作者：周一星，北京大学城市与环境学系教授，中国地理学会常务理事，城市地理专业委员会副主任，中国城市科学研究会常务理事。

本书作者根据30多年的工作经验和学术积累，从保存的文字材料中精选从未发表过的、主要在各种规划评审会和相关会议上的发言以及少量颇有价值的材料，反映作者在实践中的学术思考、信仰与坚持——学者的求真精神。

全书共47篇文章，时间跨度为1978～2011年。每篇文章均短小精悍，可读性强，文前有简短的"题注"，为背景介绍或心得体会，与正文彼此呼应，是本书最精彩之处。作者是国内城市地理与城市规划界"敢于说真话的学者"，本书对中青年学者、学生、实际工作者的"治学""求真""求实"有很好的参考意义。

图5.3 《城市规划寻路》封面

5.1.4 《城市营造——21世纪城市设计的九项原则》(图5.4)

本书作者：［美］约翰·伦德·寇耿，［美］菲利普·恩奎斯特，［美］理查德·若帕波特

成功的城市营造与复杂的数据统计、功能性问题的解决或其他任何具体的决策过程之间并无必然联系，而是源于对更易于理解的人类价值和原则的倡导。约翰·伦德·寇耿先生和菲利普·恩奎斯特

图5.4 《城市营造——21世纪城市设计的九项原则》封面

先生，是享有盛誉的SOM规划与建筑事务所的合伙人，两位与理查德·若帕波特先生合著完成本书。本书从可持续性、可达性、多样性、开放空间、开放空间、兼容性、激励政策、适应性、开发强度、识别性等九大方面来讲SOM对城市设计的理解，提出前瞻性的观点，注重绿色环境的塑造，是城市设计的便捷指南。

5.1.5 《全球化世纪的城市密集地区发展与规划》（图5.5）

本书作者：张京祥，南京大学城市规划与设计系教授、博士生导师，南京大学区域规划研究中心主任，现任中国城市规划学会常务理事、中国城市规划学会城乡治理与政策研究学术委员会主任、中国城市规划学会城市经济与区域规划学术委员会副主任、中国城市规划学会学术工作委员会委员等职。

随着全球化进程的加深，城市密集地区在全球及国家的经济和空间体系中承担着越来越重要的作用。本书系统地回顾了城市密集地区的发展历程，描述了全球化时代城市密集地区发展、规划及治理的一系列重大转型，并对中国城市密集地区的规划、治理进行了检讨和建议。全书理论与实证相结合，图文并茂，反映了城市密集地区研究的最新成果。

图5.5 《全球化世纪的城市密集地区发展与规划》封面

本书可供从事区域规划、城市规划、城市地理研究的人员阅读和参考。

5.1.6 《城市交通与道路系统规划》（图5.6）

本书作者：文国玮，现为清华大学建筑学院建筑与城市研究所教授，中国城市交通规划学会理事，全国注册城市规划师考试专家组副组长，

图5.6 《城市交通与道路系统规划》封面

国家注册城市规划师特许人员。

本书于2013年第四次出版（第一版于1991年出版），可作为高等院校城市规划与建筑学专业的教材，还可作为注册城市规划师考试参考书和城市道路工程、交通工程等专业的参考书，也是上述各专业科研、设计、工程技术人员的一本实用性的技术参考和工具书。

本书从阐述国内外城市道路系统规划理论和规划思想的发展入手，论述城市道路系统与城市用地布局的密切关系、建筑与交通的关系；结合中国城市的特点，介绍现代城市道路系统规划的新观点和规划设计方法以及道路景观设计方法、城市道路交通规划方法，并从城市规划和建筑设计的角度介绍城市道路及道路设施的设计方法；结合最新国家规范和设计标准，介绍道路规划与设计的基本技术数据。

5.1.7 《城乡规划编制技术手册》（第二版）（图5.7）

《城乡规划编制技术手册》分为"规划编制指引"和"规划术语"两大部分。"规划编制指引"以《城市规划编制办法》（2006年）为依据，结合30年来国内外开展的大量有影响力的规划实践，重点解决各类规划"是什么，编什么，如何编"的问题，同时反思并适当探讨未来的规划创新编制趋势；"规划术语"收录了《城市规划基本术语标准》之外反映我国城镇发展特征的60个词条，涵盖城市规划的空间管控、技术支持、多规统筹、土地管理、精细化设计、市政规划新技术等多项内容，是对现行城乡规划技术标准的有益补充和重要完善。

图5.7 《城乡规划编制技术手册》
（第二版）封面

本书面向的读者群体有四类：一是具有一定城市规划管理与编制经验、希望了解其他类型规划的技术人员；二是新入职的规划技术人员；三是高校的城乡规划专业学生；四是对城乡规划有兴趣的社会其他人员。

5.1.8 《全国注册城乡规划师职业资格考试辅导教材》(图5.8)

《全国注册城乡规划师职业资格考试辅导教材》经过十几年来针对大纲要求和政策变化的不断更新和完善,至2020年已经推出了13版,获得了广大考生的认可,是目前我国比较权威的注册城乡规划师考试辅导教材。该套丛书按考试科目分为:《第1分册城乡规划原理》《第2分册城乡规划相关知识》《第3分册城乡规划管理与法规》《第4分册城乡规划实务》。最新版在总结分析近年考题的基础上,更新了近期修订和颁布的相关法律法规、标准规范及政策文件的相

图5.8 《全国注册城乡规划师职业资格考试辅导教材》封面

关内容,增补了关于国土空间规划、健康城市等社会重要议题的相关知识,收录了最新考试真题,并对模拟试题进行了更新。

5.2 地理经济等相关类推荐书目简介

5.2.1 《城市地理学》(第二版)(图5.9)

本书作者:许学强,周一星,宁越敏。

本书是面向21世纪课程教材《城市地理学》的再版,于2009年出版(第一版于1997年出版)。与上一版相比,本版的内容吸收了近十年来的最新研究成果,更加系统地阐述了城市地理学的基本理论、基本方法和基础知识。

全书共分为13章,首先介绍了城市地理学的研究对象、任务和内容及其与

相关学科的关系，回顾了学科的发展简史，并探讨了城乡划分和城市地域的概念，追溯了城市的产生与发展。然后分别以城市化为中心，阐述了城市化原理和城市化的历史进程等内容；以城市体系为中心，阐述了城市职能分类、城市规模分布、城市空间分布体系、区域城镇体系等内容；以城市内部空间结构为中心，阐述了城市土地利用、城市内部地域结构、城市市场空间、社会空间和感应空间等内容，最后对城市问题作了介绍。本版更加注重理论与实践相结合、定性与定量相结合。

图5.9 《城市地理学》（第二版）封面

5.2.2 《城市经济学》（第8版）（图5.10）

本书作者：奥沙利文（Arthur O'Sullivan），美国俄勒冈州波特兰市路易斯-克拉克学院经济学教授，主要讲授微观经济学和城市经济学。1981年他在普林斯顿大学获得经济学博士学位，并先后任教于加利福尼亚大学戴维斯分校和俄勒冈州立大学，在那里获得了许多教学奖项。研究领域涉及城市土地利用、环境保护和公共政策。

本书第8版于2015年出版，是二十余年来城市经济学教材中首屈一指的经典之作，在美国被广泛应用于城市经济学、房地产经济、城市规划、公共政策、公共管理等专业。

图5.10 《城市经济学》（第8版）封面

5.2.3 《多中心大都市——来自欧洲巨型城市区域的经验》（图5.11）

本书作者：彼得·霍尔，英国剑桥大学博士，当代国际最具影响力的城市与区域规划大师之一，被誉为"世界级城市规划大师"，定义"世界城市"的全球权威，"世界工业区"概念之父，曾任英国伦敦大学巴特列特建筑与规划学院教授，英国社会研究所所长，英国皇家科学院院士和欧洲科学院院士。

图5.11 《多中心大都市——来自欧洲巨型城市区域的经验》封面

本书提出，21世纪的一种新城市现象正在显现，即网络化的多中心巨型城市区域。它们在全球围绕一个或多个城市发展，其特点是形成一个城镇集群，在物质空间上分散，但在劳动力空间分配上却密集地网络化。本书描述并分析了位于西北欧的8个这种类型的区域，包括英格兰东南部、荷兰兰斯塔德、比利时中部、莱茵鲁尔、莱茵-美因、瑞士北部、巴黎区域、大都柏林，汇集了高质量的地图和案例研究数据以及一批富有经验的作者对于他们具有洞察力和深入的分析研究作出的清晰描述。

本书引入了巨型城市区域的概念，分析了其特性，研究了有关区域特性的问题，探讨了关于基础设施、交通系统和管理等方面的政策措施和结果。首次揭示了这些区域在地理空间上的商务联系和通信，包括在每个区域的内部、区域之间以及更广泛的世界范围，进而论证了欧洲空间规划与区域发展的深切关系，这对于世界上其他类似城市区域也具有启示性意义。

5.2.4 《全球城市：纽约 伦敦 东京》（图5.12）

本书作者：丝奇雅·萨森，美国哥伦比亚大学教授，哥伦比亚大学全球思想委员会成员，英国伦敦经济学院访问教授，美国外交委员会成员，美国国家科学院城市小组成员。她是当前全球化与全球城市研究领域最知名、最活跃的专家之一。

图5.12 《全球城市：纽约 伦敦 东京》封面

本书被认为是提出并定义"全球城市"概念的经典之作，萨森选择纽约、伦敦、东京作为全球城市，以方法论为基础，研判在全球景观的维度中，哪些功能是全球城市的共性。萨森认为建设全球城市这个目标的有趣之处在于可以不断衍生出很多新的议题。比如随着人口在城市聚集，土地除了满足食物生产等需要外，大量高度城市化地区的农业空间需要探索新的发展模式。萨森提醒，卓越的全球城市，并非等于面面俱到，每个全球城市必须找到自己的优势。

本书从全球投资、金融业格局、生产性服务业格局等方面进行分析研判，揭示了全球城市的共性特征和功能布局，并对后工业时代的生产场所进行了探索与研究。对于理解全球城市的发展框架、特征内涵具有重要的启示意义，有助于开拓城市规划从业者的全球视野，站在更高的定位与视角理解全球化背景下城市发展演化的规律。

5.2.5 《美国大城市的死与生》(图5.13)

本书作者：简·雅各布斯，出生于美国宾夕法尼亚州斯克兰顿，早年做过记者、速记员和自由撰稿人，1952年任《建筑论坛》助理编辑。在负责报道城市重建计划的过程中，她逐渐对传统的城市规划观念产生了怀疑，并由此写作了《美国大城市的死与生》一书。1968年她迁居多伦多，并担任城市规划与居住政策改革的顾问。

本书自1961年出版以来，成为城市研究和城市规划领域的经典名作，对当时美国有关都市复兴和城市未来的争论产生了深刻影响。作者以纽约、芝加哥等美国大城市为例，深入考察了都市结构的

图5.13 《美国大城市的死与生》封面

基本元素以及它们在城市生活中发挥功能的方式。是什么使得街道安全或不安全？什么构成街区，它在更大的城市机体中发挥什么样的作用？为什么有些街区仍然贫困而有些街区却获得新生？通过这些问题的回答，雅各布斯对城市的复杂性和城市应有的发展取向加深了理解，也为评估城市的活力提供了一个基本框架。

5.2.6 《中国城市群》(图5.14)

本书作者：姚士谋等，教授，博士生导师，男，汉族，出生于1940年6月，广东省梅州平远县人，毕业于中山大学经济地理系（1964年），现在中科院南京地理所工作，曾任城市研究中心主任，研究室主任，学位委员，学术委员，中国城市规划学会理事，江苏省城市规划学会学术委员会副主任委员（1982~1992年），中国地理学会人文地理、城市地理专业委员，江苏省经济学会和交通学会的常务理事，江苏省行政区划与地名学会副会长，南京宏观经济学会副会长。

图5.14 《中国城市群》封面

本书从城市群的主要概念出发，分析了城市群发展的地域结构特征，并深入分析了中国城市发展与城市群的演变，采用定性与定量相结合等方式，对中国的超大型城市群、近似城市群的城镇密集区等进行了深入浅出的讲解与介绍，并对中国城市群与城市化趋势作出了科学研判。在全球化与区域化不断深化的当今，树立区域概念，重视要素流动带来的城镇格局变化，掌握分析城市群的基础，对于区域战略与定位分析等方面大有助益。

5.2.7 《城市的胜利》(图5.15)

本书作者：爱德华·格莱泽（Edward Glaeser），芝加哥大学博士、哈佛大学教授、当代顶尖城市经济学家，自小生长在曼哈顿，长期从事城市增长因素、城市住房、创新、种族隔离等方面的研究。

基于大量的实证研究和针对伦敦、东京、波士顿、班加罗尔、新加坡等城市的深入调查分析，作者提出本书的基本观点：城市的繁荣会放大人类的优势。高密度的城市生活，能减少私家车出行，降低取暖和电力排放，更有利于保护自然生态，而且

图5.15 《城市的胜利》封面

还能增加面对面的人际交往与合作、多元文化和思维的碰撞，从而刺激创新。城市清洁的水源、良好的排污与完善的医疗系统等维护了人们的健康与安全，提高了人类整体的生活质量。因此，城市使人类变得更加富有、智慧、绿色、健康和幸福。作者行文通俗易懂、深入浅出，以具体的城市深入剖析城市崛起、衰落、复兴的原因，佐以不少统计数据点缀文间，简洁有力、机智大胆的论述一定会让读者大开眼界、直呼过瘾。

5.3 土地利用规划类推荐书目简介

5.3.1 《土地资源学》（第5版）（图5.16）

《土地资源学》教材初版于1990年，是由原国家土地管理局作为普通高等教育土地管理类规划教材统一组织编审、出版和指定使用的，是国内最早的同类型教材，主编是我国著名的土壤地理学和土地资源学专家林培教授。虽然该教材已历经5个版本，但林先生所倡导的以地学基础为本、资源管理为主、3S技术为依托、宏观思维和系统分析相结合的学科思想始终是《土地资源学》的基本精髓。因此，在修订和编写时，一方面重视对区域土地资源的地学基础研究，强调从要素分析到系统综合、从野外调查到综合评价的研究模式，阐明土地资源的

图5.16 《土地资源学》（第5版）封面

形成、演变和区域分布特征，使读者对土地资源的过去、现状和未来的变化具备系统认识；另一方面强调结合国土资源管理和建设的实践需求，对区域土地资源利用、开发、保护和整治等主要领域进行专题介绍，凸显土地资源学的专业任务。

5.3.2 《土地用途管制分区研究》（图5.17）

本书作者：程烨、王静、孟繁华等。

程烨，男，原国土资源部中国土地勘测规划院院长、华中科大公共管理学院兼职教授。

本书结合我国土地用途管制需求，针对我国土地资源特点和土地利用总体规划的实践，构建了土地用途分区类型系统，研制了土地用途分区的具体方法及其计算机辅助技术，从法律措施、行政措施、经济措施等方面提出了保障土地用途管制实施管理的解决方案，并深入分析了土地用途分区管制的法学性质、法学本质与立法前景，提出了我国土地用途分区管制的立法框架。本书为进行国土规划

图5.17 《土地用途管制分区研究》封面

与土地利用总体规划编制、土地利用规划立法、规范土地市场秩序提供了技术支持，对合理配置和有效利用土地资源，促进区域、经济、社会和环境协调发展具有指导作用。本书适合土地资源开发、利用和保护的管理人员及科研人员参阅。

5.3.3 《国家公园与自然保护地研究》（图5.18）

本书作者：杨锐等。

杨锐，清华大学建筑学院景观学系联合创始人、系主任、教授、博士生导师，担任清华大学国家公园研究院院长、中国风景园林学会副理事长兼理论与历史专业委员会主任、教育部高等学校建筑类教学指导委员会副主任兼风景园林教学指导分委员会主任等职。本书由中国建筑工业出版社于2016年出版。

《国家公园与自然保护地研究》汇集了20年以来作者及其团队对全球的国家公园和保护地方面重

图5.18 《国家公园与自然保护地研究》封面

要问题的研究成果。全书分为国际与国内两篇，内容涉及国家公园和保护地运动的起源和发展、美国国家公园体系研究、其他国家保护地研究、建立和完善中国国家公园和保护地体系研究、中国世界遗产地研究、风景名胜区研究、保护地实践案例等。

参考文献

［1］潘海霞，赵民.国土空间规划体系构建历程、基本内涵及主要特点［J］.城乡规划，2019（05）：4-10.

［2］石楠."空间规划体系改革背景下的学科发展"学术笔谈会：城乡规划学不能只属于工学门类［J］.城市规划学刊，2019（01）：1-11.

［3］徐海贤，孙中亚，侯冰婕，等.规划逻辑转变下的都市圈空间规划方法探讨［J］.自然资源学报，2019，34（10）：2123-2133.

［4］吴次芳等.国土空间规划［M］.北京：地质出版社，2019.

［5］许学强，周一星，宁越敏.城市地理学（第二版）［M］.北京：高等教育出版社，2000.

［6］克莱尔·库珀·马库斯，卡罗琳·弗朗西斯.人性场所——城市开放空间设计导则［M］.俞孔坚，译.北京：中国建筑工业出版社，2001.

［7］Forman R T T，Godron N．Patches and structural components for 9 landscape ecology［J］．BioScience，1981，（31）：733-740．

［8］世界银行，海岸带综合管理指南《Guidelines For Integrated Coastal Zone Management》，1996．

［9］资源环境承载力监测预警机制研究http://www.china-reform.org/?content_545.html．

［10］詹运洲.土地利用总体规划和"多规合一规划"实践及思考 http://www.tjupdi.com/new/?classid=9164&newsid=17702&t=show．

［11］徐敏，海洋空间的用途分类体系和规划的技术方法http://www.sohu.com/a/329123387_726570．

［12］如何编制市县国土空间总体规划？https://mp.weixin.qq.com/s/sCQJJsNPy1jCVdE9_G1y7g.